Wirtschaftliche Stahlbeton- und Spannbetonbemessung

L´expérience est la source unique de la vérité.
(Die Erfahrung ist die einzige Quelle der Wahrheit)
H. Poincaré: La science et l´hypcthèse, 1912

Max Herzog

Wirtschaftliche Stahlbeton- und Spannbeton- bemessung

Neue Traglastformeln auf der Grundlage
von Versuchen und im Vergleich
mit DIN 1045, DIN 4227,
EC 2 und DIN 1045 (Ausgabe 2001)

**Band 1
Querschnittsbemessung**
Mit vielen Zahlenbeispielen

Bauwerk

Die Deutsche Bibliothek – CIP-Einheitsaufnahme

Wirtschaftliche Stahlbeton- und Spannbetonbemessung
Neue Traglastformeln auf der Grundlage
von Versuchen und im Vergleich
mit DIN 1045, DIN 4227,
EC 2 und DIN 1045 (Ausgabe 2001)

Band 1: Querschnittsbemessung
Max Herzog
Berlin: Bauwerk, 2001

ISBN 3-934369-20-0

© Bauwerk Verlag GmbH, Berlin 2001

Alle Rechte, auch das der Übersetzung,
vorbehalten.

Ohne ausdrückliche Genehmigung des
Verlags ist es auch nicht gestattet, dieses Buch
oder Teile daraus auf fotomechanischem Wege
(Fotokopie, Mikrokopie) zu vervielfältigen
sowie die Einspeicherung und Verarbeitung
in elektronischen Systemen vorzunehmen.

Zahlenangaben ohne Gewähr

Umschlaggestaltung:
moniteurs, Berlin

Druck und Bindung:
Runge GmbH, Cloppenburg

Vorwort

Das Ziel dieses Buches ist die Sichtbarmachung der Beziehung zwischen der Bemessung von Stahlbeton- und Spannbetonbauteilen und den Ergebnissen von Versuchen, über die beispielsweise in den Heften des Deutschen Ausschusses für Stahlbeton seit fast 100 Jahren berichtet wird. Obwohl diese Versuchsergebnisse auch zur Begründung von Bemessungsnormen – wie DIN 1045, DIN 4227 und neuerdings EC 2 – verwendet wurden, ist ihre Beziehung im Formalismus der Bemessungsvorschriften nicht mehr erkennbar. Gerade im Zeitalter der Computerstatik ist es jedoch von ausschlaggebender Bedeutung, die mechanische Übereinstimmung von Bemessung und zugrunde liegenden Versuchsergebnissen sichtbar zu machen, wenn das Mitdenken des entwerfenden Ingenieurs nicht ausgeschaltet werden soll.

Die mitgeteilten Vereinfachungen und Abkürzungen machen das vorliegende Buch für „alte Hasen" ebenso wertvoll wie für „blutige Anfänger", weil es auf der jahrzehntelangen Konstruktionserfahrung des Verfassers beruht. Prüfingenieure, die beurteilen müssen, ob ein Tragwerk mit nicht planmäßiger Festigkeit noch verantwortbar ist, werden aus diesem Buch großen Nutzen ziehen, weil sein Inhalt solche Beurteilungen überhaupt erst ermöglicht. Die Traglastverfahren des Stahlbetons und Spannbetons werden hier für alle denkbaren Stab- und Flächentragwerke ausführlich dargestellt.

Ich bin dem Verlagslektor (Prof. K.-J. Schneider), sowie seinen Fachberatern (Prof. A. Goris und Prof. G. Richter) für die sachliche Kritik und die zahlreichen didaktischen Verbesserungen ebenso dankbar wie für die Geduld bei der Drucklegung des hohe Anforderungen stellenden Manuskripts.

Solothurn, im Dezember 2000 *Max A.M. Herzog*

Inhaltsverzeichnis

Verwendete Bezeichnungen XI
Verzeichnis der angesprochenen Normen XIV
Übersicht über die weiteren Bände XV

1 Einleitung 1

2 Sicherheitsbetrachtung 2
  2.1 Tragfähigkeitsnachweis 2
  2.2 Gebrauchstauglichkeitsnachweis 3
       Literatur 3

3 Biegung 4
  3.1 Geschichtliche Entwicklung 4
  3.2 Wirklichkeitsnahes Bemessungsverfahren 7
    3.2.1 Allgemeines 7
    3.2.2 Stahlbeton ohne Druckbewehrung 9
    3.2.3 Stahlbeton mit Druckbewehrung 12
    3.2.4 Spannbeton mit Verbund 12
    3.2.5 Spannbeton ohne Verbund 12
    3.2.6 Teilweise vorgespannter Beton mit Verbund 14
    3.2.7 Teilweise vorgespannter Beton ohne Verbund 14
    3.2.8 Kommentar 15
    3.2.9 Bemessungsablauf 15
  3.3 Versuchsnachrechnung 16
    3.3.1 Spannbeton mit Verbund 16
    3.3.2 Spannbeton ohne Verbund 19
    3.3.3 Stahlbeton ohne Druckbewehrung 19
  3.4 Folgerungen 21
  3.5 Biegung mit Normalkraft 21
       Literatur 22

4 Schub 23
  4.1 Geschichtliche Entwicklung 23
  4.2 Wirklichkeitsnahe Bemessungsverfahren 27
  4.3 Versuchsnachrechnung 31
    4.3.1 Spannbeton mit Verbund 31
    4.3.2 Spannbeton ohne Verbund 33
  4.4 Zahlenbeispiel 34
    4.4.1 Bemessung nach Abschnitt 4.2 34
    4.4.2 Bemessung nach DIN 1045 (1988) 34
    4.4.3 Bemessung nach EC 2 35
    4.4.4 Bemessung nach DIN 1045-1 neu 35
    4.4.5 Kommentar 35

4.5 Folgerungen 35
      Literatur 36
5 Torsion 37
  5.1 Geschichtliche Entwicklung 37
  5.2 Wirklichkeitsnahes Bemessungsverfahren 38
      5.2.1 Reine Torsion 38
      5.2.2 Torsion mit Normalkraft 39
      5.2.3 Torsion mit Biegung 39
      5.2.4 Torsion mit Biegung und Querkraft 40
  5.3 Versuchsnachrechnungen 42
  5.4 Vereinfachte Bemessung auf Torsion 44
  5.5 Bemessungsbeispiel 45
      5.5.1 Eingangswerte 45
      5.5.2 Interaktion 47
      5.5.3 Verkehrslast auf beiden Gleisen 47
      5.5.4 Kommentar 48
  5.6 Folgerungen 48
      Literatur 49

6 Durchstanzen 50
  6.1 Geschichtliche Entwicklung 50
  6.2 Wirklichkeitsnahe Bemessungsverfahren 54
  6.3 Versuchsnachrechnungen 58
      6.3.1 Stahlbetonplatte ohne Schubbewehrung unter mittiger Last 58
      6.3.2 Stahlbetonplatte ohne und mit Schubbewehrung unter mittiger Last ... 59
      6.3.3 Stahlbetonplatte ohne Schubbewehrung bei Randstütze 60
      6.3.4 Stahlbetonplatte mit Schubbewehrung bei Randstütze 61
      6.3.5 Stahlbetonplatte ohne Schubbewehrung bei Eckstütze 62
  6.4 Bemessungsbeispiel 63
      6.4.1 Biegung 63
      6.4.2 Durchstanzen ohne Schubbewehrung 64
      6.4.3 Schubbewehrung mit abgebogenen Stäben 65
      6.4.4 Schubkreuz aus Walzprofilen 65
      6.4.5 Durchstanznachweis nach DIN 1045 (1988) ... 67
      6.4.6 Durchstanznachweis nach EC 2 67
      6.4.7 Durchstanznachweis nach DIN 1045-1 neu ... 68
  6.5 Folgerungen 68
      Literatur 68

7 Mittiger Druck 70
  7.1 Geschichtliche Entwicklung 70
  7.2 Wirklichkeitsnahes Bemessungsverfahren 76
      7.2.1 Unbewehrte Stützen 76
      7.2.2 Verbügelte Stützen 76
      7.2.3 Umschnürte Stützen 77
      7.2.4 Langfristige Lasteinwirkungen 79

       7.2.5 Formänderungen 79
            7.2.5.1 Gebrauchszustand 79
            7.2.5.2 Bruchzustand 81
  7.3 Versuchsnachrechnungen 81
       7.3.1 Verbügelte Stützen mit schwacher Längsbewehrung 81
       7.3.2 Verbügelte Stützen mit starker Längsbewehrung 81
       7.3.3 Umschnürte Stützen 82
  7.4 Bemessungsbeispiele 83
       7.4.1 Verbügelte Quadratstütze 83
       7.4.2 Umschnürte Rundstütze 84
  7.5 Folgerungen 84
       Literatur 85

8 Ausmittiger Druck 86
  8.1 Geschichtliche Entwicklung 86
  8.2 Wirklichkeitsnahes Bemessungsverfahren 88
       8.2.1 Rechteckquerschnitte unter einachsig ausmittigem Druck 88
       8.2.2 Kreisförmige Querschnitte unter einachsig ausmittigem Druck ... 91
       8.2.3 Rechteckquerschnitte unter zweiachsig ausmittigem Druck 91
  8.3 Versuchsnachrechnungen 92
       8.3.1 Verbügelte Quadratstützen unter einachsig ausmittigem Druck ... 92
       8.3.2 Umschnürte Rundstütze unter einachsig ausmittigem Druck 94
       8.3.3 Verbügelte Quadrat- und Rechteckstützen unter zweiachsig
            ausmittigem Druck 95
  8.4 Bemessungsbeispiele 97
       8.4.1 Verbügelte Rechteckstütze unter einachsig ausmittigem Druck ... 97
       8.4.2 Umschnürte Rundstütze unter einachsig ausmittigem Druck 98
       8.4.3 Verbügelte Rechteckstütze unter zweiachsig ausmittigem Druck .. 99
  8.5 Folgerungen 101
       Literatur 101

Stichwortverzeichnis 102

Verwendete Bezeichnungen

A	Arithmetisches Mittel oder Querschnittsfläche (A_c des Betons, A_s des Stahls oder der Längsbewehrung, A_w der Querbewehrung)
$A'_c = A_c - A_s$	Nettoquerschnitt des Betons
A_{ck}	Kernquerschnitt umschnürter Stützen
A'_{ck}	Netto-Kernquerschnitt umschnürter Stützen
A_{s1}, A_{s2}	Zug- bzw. Druckbewehrungsquerschnitt
A_{sF}, A_{sS}	Biegezugbewehrung im Feld bzw. über der Stütze
A_{sw}	Querbewehrung (A_{sw1} schräge Stäbe, A_{sw2} vertikale Bügel, A_w Wendel)
a	Bügelabstand oder Seitenlänge des Stützenquerschnitts innerhalb der Flachdecke
B	Betongüte
b	Querschnittsbreite (b_m der Druckplatte, b_o des Steges)
C	Hilfswert zur Bemessung
c	Kraglänge oder Lastausmitte
D_b, D_e	Druckkraft der Betondruckzone bzw. der Druckbewehrung
d	Querschnittshöhe oder Stützendurchmesser
E	Elastizitätsmodul (E_s des Stahls, E_c des Betons)
e	Lastausmitte bezogen auf die Zugbewehrung
F_e, F'_e	Zug- bzw. Druckbewehrungsquerschnitt im überholten n-Verfahren (vor 1972)
G	Eigenlast oder Gleitmodul
g	Eigenlast oder Ganghöhe des Wendels
h	Nutzhöhe des Stahlbetonquerschnitts
h'	Abstand der Druckbewehrung vom gedrückten Rand des Querschnitts
h_s	Höhe des Walzprofils
K	Abminderungsbeiwert (K_h zur Erfassung der Nutzhöhe, K_s zur Erfassung des Seitenverhältnisses rechteckiger Stützenquerschnitte) oder Kalibrierungsbeiwert ($K_{50\%}$ der 50%-Fraktile oder des Mittelwerts, $K_{5\%}$ der 5%-Fraktile oder der unteren Schranke der Versuchsergebnisse) oder Multiplikator
k	Beiwerte (k_1 Völligkeit der Biegedruckzone, k_2 Abstand der Druckspannungsresultierenden vom gedrückten Rand des Querschnitts, k_z Nutzhöhenverhältnis, k_m Biegemomentenbeiwert für Flachdecken)
L	Lastkombination oder Stützweite
M	Biegemoment (M_g infolge Eigenlast, M_p infolge Nutz- oder Verkehrslast, M_u Bruchmoment, M_o Tragfähigkeit infolge reiner Biegung, M_{pl} vollplastisches Biegemoment des Walzprofils)
$\overline{M}$	Starreinspannmoment
M_F	positives Biegemoment im Feld
M_S	negatives Biegemoment über der Stütze
M_{St}	von der Stütze in die Flachdecke eingeleitetes Biegemoment
N	Normalkraft (N_g infolge Eigenlast, N_p infolge Nutz- oder Verkehrslast)

N_o	achsiale Tragfähigkeit infolge reinem Druck oder reinem Zug, oder Durchstanzlast ohne Schubbewehrung oder Durchstanzlast bei mittiger Beanspruchung
N_e	Durchstanzlast bei ausmittiger Beanspruchung
N_s	Anteil der Durchstanzlast infolge der Schubbewehrung
N_u	Tragfähigkeit (N_u^R Rechenwert, N_u^V Versuchswert, N_{uo} unter mittigem Druck, N_{ue} unter ausmittigem Druck)
N_{ux}^o, N_{uy}^o	Tragfähigkeiten unter einachsiger Ausmitte
N_v	Anteil der Durchstanzlast infolge der Spannglieder
$n = E_s/E_c$	Verhältniszahl der Elastizitätsmoduln
p, P	Nutz- oder Verkehrslast
Q	Querkraft (Q_g infolge Eigenlast, Q_p infolge Nutz- oder Verkehrslast, Q_u beim Bruch)
Q_o	Tragfähigkeit infolge reiner Querkraft
R	Festigkeit ($R_{5\%}$ 5%-Fraktile der gemessenen Festigkeit)
R_c	Zylinderdruckfestigkeit des Betons
R_p	Prismendruckfestigkeit des Betons
R_w	Würfeldruckfestigkeit des Betons
R_{ct}	Zugfestigkeit des Betons
$R_s, R_{0,2}$	wirkliche oder konventionelle Streckgrenze der Bewehrung (R_{sw} der Schubbewehrung)
R_u	Zugfestigkeit der Bewehrung
R_{su}	Stahlspannung im Bruchzustand
$R' = R/\gamma$	rechnerische Festigkeit ($R'_c = R_c/\gamma_c$ des Betons, $R'_{su} = R_{su}/\gamma_s$ des Stahls)
S	Beanspruchung ($S_{95\%}$ 95%-Fraktile der möglichen Beanspruchung)
s	Seitenlänge des Stützenquerschnitts
St	Stahlgüte
T	Torsionsmoment
T_o	Tragfähigkeit infolge reiner Torsion
U	Umfang des Kernquerschnitts
u	mittlerer Umfang des Durchstanzkegels
V	Vorspannkraft (V_o im Zeitpunkt $T = 0$, V_∞ im Zeitpunkt $T = \infty$, V_u im Bruchzustand) oder Variationskoeffizient
v	Versatzmaß
x	Höhe der Betondruckzone
y	Höhe des ideellen Druckspannungsblocks
Z	Zusatzlast oder Zugkraft (Z_u beim Bruch)
Z_A	Zuggurtkraft am Auflager
Z_e	Zugkraft der Zugbewehrung
$z = k_z h$	Hebelarm der inneren Kräfte des Stahlbetonquerschnitts
α	Neigung der Schubbewehrung (α_r Rissneigung, α_z Spanngliedneigung) oder Beiwert zur Erfassung des mitwirkenden Betons zwischen zwei Biegerissen
β_R	Rechenfestigkeit des Betons nach alter DIN 1045
β_S	Streckgrenze der Bewehrung nach alter DIN 1045

γ	globaler Sicherheitsbeiwert nach alter DIN 1045
γ_L	Lastbeiwert (γ_g für Eigenlast, γ_p für Nutz- oder Verkehrslast, γ_w für Windlast, γ_s für Schneelast, γ_E für Erdbebenlast)
γ_R	Widerstandsbeiwert (γ_s für Stahl, γ_c für Beton)
δ	Durchbiegung oder Stützenauslenkung
ε	Dehnung oder Stauchung (ε_c des Betons, ε_s des Stahls, ε_v Vordehnung des Spannstahls)
η	Wirkungsgrad oder Schubdeckungsgrad
$\mu = A_s/bh$	Bewehrungsgehalt (μ_w Schubbewehrungsgehalt)
ϱ	Betonwichte (ϱ_{cN} des Normalbetons, ϱ_{cL} des Leichtbetons)
σ	Spannung (σ_e bzw. σ_s des Stahls, σ_b bzw. σ_c des Betons, σ_{zul} zulässige Spannung)
τ	Schubspannung (τ_o rechnerische, τ_r beim Riss, τ_u beim Bruch)
φ	Kriechzahl
$\varnothing_k$	Kerndurchmesser

Verzeichnis der angesprochenen Normen
(Ausgabedatum in Klammern)

DIN 1045 (1988):   Beton und Stahlbeton

DIN 1045 (2001):   Beton und Stahlbeton

DIN 4227   Spannbeton
    Teil 1 (1988):   Beschränkte und volle Vorspannung
    Teil 2 (1984):   Teilweise Vorspannung
    Teil 3 (1983):   Segmentbauart

DIN 1055-6 (1987):   Lasten in Silozellen

EC 2 = DIN V ENV 1992: Stahlbeton- und Spannbetontragwerke
    Teil 1-1 (1992): Hochbau
    Teil 1-2 (1997): Brandfall
    Teil 1-3 (1994): Fertigteile
    Teil 1-4 (1994): Leichtbeton
    Teil 1-5 (1994): Spannglieder ohne Verbund

Übersicht über die weiteren Bände

Band 2: Stabtragwerke

 9 Schlanke Stützen
10 Ortbetonträger
11 Segmentträger
12 Fachwerkträger
13 Konsolen
14 Rahmen
15 Bögen

Band 3: Ebene Flächentragwerke

16 Umfangsgelagerte Platten
17 Punktgestützte Platten
18 Schiefe Bewehrungsnetze
19 Schiefe Platten
20 Platten auf nachgiebiger Unterlage
21 Einzelfundamente
22 Trägerroste
23 Wandartige Träger

Band 4: Räumliche Flächentragwerke

24 Bunker
25 Silos
26 Rotationskuppeln
27 Rotationsbehälter
28 Schalenbögen
29 Schalenträger
30 Schirmschalen

Band 5: Spezialprobleme

31 Betongelenke
32 Bewehrungsstöße und Verankerungslängen
33 Rissbildung
34 Formänderungen
35 Schwingungen
36 Erdbeben
37 Ermüdung

Band 6: Entwicklungsgeschichte

38 Zeittafel
39 Kurzbiographien

1 Einleitung

Der Stahlbeton- und Spannbetonbau ist grundsätzlich eine empirische Bauweise [1.1], der erst im Nachhinein eine Theorie unterlegt wurde, um ihre praktische Anwendung zu erleichtern. Aus Anlass des 150-jährigen Jubiläums des Baus eines Ruderboots (Bild 1.1) aus „fer-ciment" (drahtbewehrter Mörtel) durch *J.L. Lambot*, einen promovierten Juristen, auf seinem Landgut Miraval in der Provence wird im Folgenden die historische Entwicklung der wichtigsten Bemessungsverfahren nachgezeichnet. Dabei wird schon aus Platzgründen keine Vollständigkeit angestrebt, aber die entscheidenden Weichenstellungen werden genannt. Dafür wird der letzte Stand der Entwicklung mit den vorhandenen Versuchen (meistens jenen des Deutschen Ausschusses für Stahlbeton) begründet und jeweils mit einem Versuch am größten bisher geprüften Probekörper ausführlich verglichen.

Schließlich ist zu beachten, dass sich mit den ständig zunehmenden Betondruckfestigkeiten ($R_C > 60$ MN/m^2) das Verhalten des Betons, nicht aber das des Stahls, von der plastischen wieder zur elastischen Grenze verlagert.

Die hier vorgestellten Bemessungsverfahren weichen von den geltenden Normen so geringfügig ab, dass sie zumindest für Vorbemessungen, Massenschätzungen und Kontrollberechnungen ohne Einschränkung verwendet werden können. Sie lassen jedoch im Gegensatz zu diesen Normen klar erkennen, wie weit die Rechnung vom wirklichen Verhalten des Stahlbetons und Spannbetons entfernt ist. Dieser Umstand gewinnt im Zeitalter der Computerstatik immer mehr Bedeutung.

Literatur

[1.1]   Herzog, M.: 150 Jahre Stahlbeton (1848 – 1998). Bautechnik 76 (1999) Sonderheft

Bild 1.1: Ruderboot aus „fer-ciment" von J.L. Lambot (1848)

2 Sicherheitsbetrachtung

Jahrzehntelang erfolgte die Bemessung von Stahlbeton- und Spannbetonbauwerken mit zulässigen Spannungen, deren Größe so festgesetzt worden war, dass sie eine ausreichende Sicherheit gegen das Erreichen unerwünschter Zustände (Tragfähigkeit und Formänderung) gewährleisteten.

2.1 Tragfähigkeitsnachweis

Bei der aus wirtschaftlichen Gründen erfolgenden höheren Ausnützung der Baustoffe (Stahl und Beton) konnte wegen ihres nichtlinearen Verhaltens die bis dahin verwendete globale Sicherheitsbetrachtung (Bruchsicherheiten nach DIN 1045 für Stahl $s = 1{,}75$ und für Beton $s = 2{,}1$ auf Biegung und $s = 3{,}0$ auf zentrischen Druck) jedoch nicht mehr befriedigen [2.1], [2.2], [2.3].

Nach langjährigen Diskussionen einigte man sich schließlich nach amerikanischem Vorbild auf zwei Sicherheitsbeiwerte: erstens den Lastbeiwert (load factor) γ_L und zweitens den Widerstandsbeiwert (resistance factor) γ_R. Die ausreichende Tragsicherheit ist gewährleistet, wenn die mit dem Lastbeiwert vervielfachte Beanspruchung S kleiner ist als die durch den Widerstandsbeiwert geteilte Festigkeit R:

$$\gamma_L \, S_{95\%} < \frac{R_{5\%}}{\gamma_R} \tag{2.1}$$

Als maßgebende Beanspruchung $S_{95\%}$ gilt dabei die 95%-Fraktile der möglichen Beanspruchungen, die in 95 % aller Fälle nicht erreicht wird, und als maßgebende Festigkeit $R_{5\%}$ die 5%-Fraktile der gemessenen Festigkeitswerte, die nur in 5 % aller Fälle nicht erreicht wird. Dabei wird als rechnerische Streckgrenze des Stahls der nominelle Garantiewert (z.B. $R_S = 500$ N/mm² für den Betonstahl BSt 500/550) und als rechnerische Betondruckfestigkeit wegen der wesentlich größeren Unsicherheit nur etwa 80 % der Würfeldruckfestigkeit R_W angesetzt, also für die Betongüte B 35 beispielsweise $R_C = 0{,}8 \cdot 35 = 28$ MN/m².

Die Lastbeiwerte γ_L betragen beispielsweise für
- Eigenlast $\qquad\qquad\qquad\qquad\qquad \gamma_g = 1{,}35$ bzw. 0,9
- Nutz- oder Verkehrslast $\qquad\qquad \gamma_p = 1{,}5$
- 1. Zusatzlast (z.B. Wind) $\qquad\quad \gamma_w = 1{,}0$
- 2. Zusatzlast (z.B. Schnee) $\qquad\, \gamma_s = 0{,}7$
- 3. Zusatzlast (z.B. Erdbeben) $\quad\, \gamma_E = 0{,}5$

und die Widerstandsbeiwerte γ_R beispielsweise für
- Stahl $\qquad\qquad\qquad\qquad\qquad\qquad \gamma_s = 1{,}15$
- Beton $\qquad\qquad\qquad\qquad\qquad\qquad \gamma_c = 1{,}5$

Die Streuung der Versuchsergebnisse ist mit den Kalibrierungsbeiwerten K zu erfassen. Diese geben an, um welchen Betrag die beiden kennzeichnenden Werte der Versuchsergebnisse N_u^V
- Mittelwert (= 50%-Fraktile)

– untere Schranke (= 5%-Fraktile) vom Rechenwert N_u^R abweichen:

$K_{50\%} = N_{u50\%}^V / N_u^R$

$K_{5\%} = N_{u5\%}^V / N_u^R$

2.2 Gebrauchstauglichkeitsnachweis

Im Allgemeinen sind die Verformungen der Stahlbeton- und Spannbetonbauwerke unter Verwendung einer plausiblen Lastfallkombination (Eigenlast G, Nutzlast P und Zusatzlast Z) wie

$L = 1{,}0\ G + 0{,}7\ P + 0{,}5\ Z$ (2.2)

nachzuweisen und mit der angestrebten Nutzung des Tragwerks unter gebührender Beachtung langfristiger Einflüsse (wie Schwinden und Kriechen des Betons sowie Relaxation des Spannstahls) zu vergleichen. Die Durchbiegung sollte unter Beachtung der möglichen Rissbildung folgende Grenzwerte nicht übersteigen:

– Hochbauten $\quad\quad\quad \delta < L/300$
– Straßenbrücken $\quad\quad L/500$
– Eisenbahnbrücken $\quad\ L/1000$

Bei stabilitätsgefährdeten Bauteilen (z.B. schlanke Stützen oder Fertigteilträger bei der Montage) ist stets eine ungewollte Lastausmitte in der Größenordnung von $H/300$ bei Stützen bzw. $L/1000$ bei Trägern in Rechnung zu stellen.

Literatur

[2.1] International Council for Building Research (Chairman: E. Torroja): Load factors. ACI Journal 55 (1958) S. 567-572

[2.2] Herzog, M.: Die praktische Berechnung des Sicherheitskoeffizienten für Baukonstruktionen. Schweiz. Bauzeitung 83 (1965) S. 185-188

[2.3] Herzog, M.: Die erforderliche Größe des Sicherheitskoeffizienten. Bautechnik 47 (1970) S. 135-137

3 Biegung

3.1 Geschichtliche Entwicklung

Der Berechnungsvorschlag von *M. Koenen* [3.1] für reine Biegung (Bild 3.1) aus dem Jahr 1886 berücksichtigt nur das Gleichgewicht der inneren Kräfte des betrachteten Rechteckquerschnitts mit der neutralen Achse (Nulllinie) in halber Querschnittshöhe. 1890 wies *P. Neumann* [3.2] auf die gegenseitige Abhängigkeit der Betondruck- und Stahlzugspannungen durch das Verhältnis $n = E_s/E_c$ hin. 1894 wurde von *E. Coignet* und *N. de Tedesco* [3.3] das klassische *n*-Verfahren begründet. Sie nahmen an, dass die Querschnitte eben bleiben (Hypothese von *Bernoulli*), das *Hooke*sche Gesetz sowohl für die Bewehrung als auch für den Beton gilt, die verschiedenen Elastizitätsmoduln von Stahl und Beton mit dem konstanten Verhältnis *n* (nach *Neumann*) berücksichtigt werden und der Beton auf Zug nicht mitwirkt (Bild 3.2). Da dieses Berechnungsverfahren eine geschickte Anpassung der *Navier*schen Biegelehre an die besonderen Eigenschaften des Stahlbetons darstellte, wurde es fast unmittelbar nach seiner Veröffentlichung allgemein angewendet. Auch stellte die lineare Spannungsverteilung im Bereich der damals zulässigen Spannungen ($\sigma_{e\,zul} = 100$ N/mm² und $\sigma_{b\,zul} = 2{,}5$ N/mm²) eine gut zutreffende Näherung dar. Von *P. Christophe* [3.4] wurde 1899 der letzte Schönheitsfehler beseitigt, als er den Hebelarm der inneren Kräfte von $z = h - \frac{x}{2}$ bei *Coignet* und *Tedesco* auf $z = h - \frac{x}{3}$ korrigierte.

Im Laufe der Zeit stellte sich mit zunehmender Zahl der Bruchversuche die Erkenntnis ein, dass von den Spannungen im Gebrauchszustand nicht ohne weiteres auf die vorhandene Bruchsicherheit geschlossen werden kann. In Abhängigkeit vom Bewehrungsgehalt können fünf kennzeichnende Bruchzustände unterschieden werden. Die Betondruckfestigkeit wird erreicht, wenn die Stahlzugspannungen

a) in *stark bewehrten* Querschnitten unter der Streckgrenze liegen,
b) in *ideal bewehrten* Querschnitten gerade die Streckgrenze erreichen,
c) in *schwach bewehrten* Querschnitten im Streckbereich und
d) in *sehr schwach bewehrten* im Verfestigungsbereich der Bewehrung, also zwischen Streckgrenze und Zugfestigkeit, liegen.
e) *Unterbewehrte* Querschnitte führen zu einem spröden Bruch, weil die Biegefestigkeit des nicht gerissenen Querschnitts größer ist als die Biegefestigkeit des gerissenen bewehrten Querschnitts (die Stahlspannung kann die Zugfestigkeit der Bewehrung nicht übersteigen).

1912 untersuchte *E. Suenson* [3.5] die Tragfähigkeit schwach bewehrter Querschnitte. Er ersetzte die wirklichen Betondruckspannungen durch ideelle gleichmäßig verteilte Spannungen in Größe der Würfeldruckfestigkeit (Bild 3.3). Die Höhe *y* des ideellen Druckspannungsblocks ist daher kleiner als der Abstand *x* der neutralen Achse (Nulllinie) vom gedrückten Rand des Querschnitts (Bild 3.2). Aus dem Gleichgewicht

$$byR_w = A_s R_s \tag{3.1}$$

bzw. der Identität

$$M_u = A_s R_s \left(h - \frac{y}{2}\right) \tag{3.2}$$

Geschichtliche Entwicklung

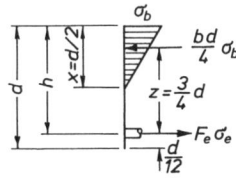

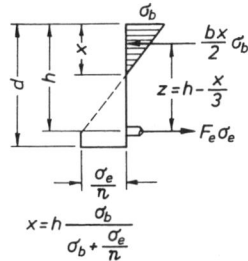

Bild 3.1: Berechnungsannahmen von M. Koenen (1886)

Bild 3.2: Berechnungsannahmen von E. Coignet und N. de Tedesco (1894) bzw. P. Christopher (1899)

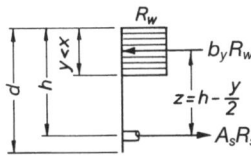

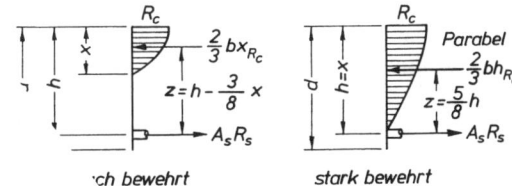

Bild 3.3: Berechnungsannahmen von E. Suenson (1912)

Bild 3.4: Berechnungsannahmen von J.L. Mensch (1914)

folgt dann mit dem Bewehrungsgehalt

$$\mu = \frac{A_s}{bh} \tag{3.3}$$

das Bruchmoment zu

$$M_u = \mu R_s bh^2 \left(1 - \frac{\mu R_s}{2 R_w}\right) \tag{3.4}$$

1914 untersuchte *J.L. Mensch* [3.6] sowohl schwach als auch stark bewehrte Querschnitte und berücksichtigte sogar Druckbewehrungen. Er berechnete die Tragfähigkeit unter Annahme einer parabolischen Spannungsverteilung mit dem Größtwert gleich der Zylinderdruckfestigkeit (Bild 3.4). Als tiefste Lage der neutralen Achse nahm er die Schwerlinie der Zugbewehrung an und erhielt das größte Bruchmoment des einfach bewehrten Querschnitts (Bezeichnungen vgl. Bild 3.4) zu

$$\max M_u = \frac{R_c bh^2}{2,4} \tag{3.5}$$

1932 führte *F. Stüssi* [3.7] die Formänderungsbedingung in die Berechnung der Biegebruchfestigkeit ein. Zur Kennzeichnung der Betondruckzone (Bild 3.5) benützte er die beiden Koeffizienten $k_1 = 0{,}70$ bis $0{,}77$ für den Völligkeitsgrad und $k_2 = 0{,}39$ bis $0{,}41$ für den Abstand der Druckspannungsresultierenden vom gedrückten Rand des Quer-

Biegung

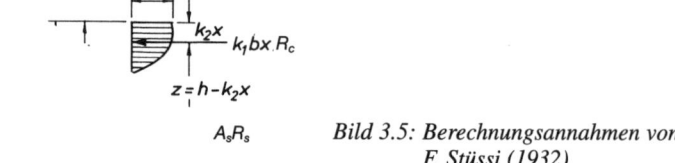

Bild 3.5: Berechnungsannahmen von F. Stüssi (1932)

schnitts. Als größte Biegedruckspannung des Betons nahm er die Prismendruckfestigkeit an und bestimmte die Bruchstauchung des Betons von $\varepsilon_c = 2{,}0$ bis $2{,}5 \cdot 10^{-3}$ an zentrisch gedrückten Prismen, obwohl *A.N. Talbot* [3.8] bereits 1904 festgestellt hatte, dass die Randstauchung des Betons bei Biegebruch im allgemeinen größer ist als unter zentrischem Druck. Für schwach bewehrte Querschnitte erhielt *Stüssi* das Biegebruchmoment (vgl. Bild 3.5) zu

$$M_u = \mu R_s b h^2 \left(1 - 0{,}55 \frac{\mu R_s}{R_c}\right) \tag{3.6}$$

1935 leitete *A. Brandtzaeg* [3.9] aus seinen Versuchen die Randbruchstauchung des Betons bei Biegung zu

$$\varepsilon_c = 6{,}88 - 0{,}093\, R_c \text{ (in \textperthousand)} \tag{3.7}$$

ab.

1936 veröffentlichte *R. Saliger* [3.10] eine durch viele Versuchsergebnisse gestützte Berechnung der Tragfähigkeit von einfach bewehrten Stahlbetonbalken für alle fünf Fälle des Bewehrungsgehalts mit den Beiwerten $k_1 = 0{,}85$ und $k_2 = k_1/2$ (siehe *Stüssi*).

1937 erweiterte *C.S. Whitney* [3.11] den Anwendungsbereich des Berechnungsverfahrens von *Suenson* (1912) auf stark bewehrte Querschnitte. Als Größtwert der gleichmäßig verteilten Biegedruckspannung führte er 85 % der Zylinderdruckfestigkeit ein. Das größte Biegebruchmoment stark bewehrter Querschnitte ermittelte er aus Versuchen zu

$$\max M_u = \frac{R_c b h^2}{3} \tag{3.8}$$

Unzufrieden mit den theoretischen Spekulationen seiner Fachkollegen (er schrieb wörtlich: „Die interessanten Bemühungen, aus dem Studium der Spannungszustände in der Druckzone Plausibles abzuleiten, sind erfolglos. Denn es geht nicht an, in der Druckzone des Balkens mit Würfel- oder Prismenfestigkeiten zu operieren. Die eigentliche Druckfestigkeit kann nicht eindeutig gekennzeichnet werden, denn wie der Balken sind auch Würfel und Prismen Konstruktionen, deren gemessene Bruchlasten lediglich durch die Form bestimmte Funktionen der eigentlichen Materialfestigkeit sind. Wir können also die Würfel- oder Prismenfestigkeit wohl als Maßstab der Betongüte verwenden, nicht aber direkt zur Abklärung des inneren Verhaltens einer anderen Konstruktion, hier des Balkens. Ein plausibles Rechenverfahren kann sich weder auf zulässige Spannungen, noch auf theoretische Erwägungen, sondern nur auf Bruchversuche an Betonbalken stützen."), leitete *R. Maillart* 1938 auf rein empirischem Weg eine Formel für das Bruchmoment rechteckiger Stahlbetonbalken ab [3.12], die den ganzen Bewehrungsbereich von den sehr schwach bis zu den stark bewehrten Querschnitten umfasste:

$$M_u = \mu R_s bh^2 \left(\frac{7}{6} - \frac{\mu R_s}{R_w}\right) \tag{3.9}$$

Das größte, mit stark bewehrten Querschnitten erreichbare Bruchmoment betrug (Bild 3.6)

$$\max M_u = 0{,}34\, R_w bh^2 \tag{3.10}$$

1948 brachte *M.G. Puwein* [3.13] ein neues Element in die Diskussion. Er schlug vor, der Bemessung von Stahlbetonbalken nicht eine bestimmte Bruchsicherheit zugrunde zu legen, sondern eine bestimmte Sicherheit gegen das Erreichen eines kritischen Formänderungszustandes, den *E. Bittner* [3.14] noch im gleichen Jahr einheitlich für alle Beton- und Stahlgüten mit der Betonrandstauchung $\varepsilon_c = 1{,}5$ ‰ und der Stahldehnung $\varepsilon_s = 4{,}0$ ‰ definierte.

1949 veröffentlichte *A. Pucher* [3.15] ein Rechenverfahren, das auf der Hypothese von *Bernoulli* über das Ebenbleiben der Querschnitte beruht und es gestattet, der Berechnung des Bruchmoments jede beliebige Arbeitslinie, sowohl des Betons als auch des Stahls, zugrunde zu legen. *Pucher* bestimmte die Arbeitslinien des Betons mit Prismenversuchen. Das von *E. Mörsch* im gleichen Jahr veröffentlichte Berechnungsverfahren unterschied sich von demjenigen *Puchers* nur dadurch, dass an Stelle der rechnerischen eine graphische Auswertung der Arbeitslinien von Beton und Stahl verwendet wurde. Für Spannglieder muss zusätzlich die Vordehnung des Spannstahls [3.16]

$$\varepsilon_v = \sigma_v/E_s \tag{3.11}$$

berücksichtigt werden.

1950 begrenzte *H. Rüsch* [3.17] die rechnerisch zulässige Betonrandstauchung auf $\varepsilon_c = 2{,}0$ ‰ und die Stahldehnung (ohne die Vordehnung des Spannstahls) auf $\varepsilon_s = 5{,}0$ ‰.

3.2 Wirklichkeitsnahes Bemessungsverfahren

3.2.1 Allgemeines

1975 zeigte *M. Herzog* [3.18], dass es möglich ist, das Biegebruchmoment von Stahlbeton, teilweise vorgespanntem Beton und Spannbeton mit einem ganz einfachen Verfahren unter Außerachtlassung der Querschnittsdehnungen, die in Bruchnähe sowieso von der üblichen Annahme eben bleibender Querschnitte abweichen, zutreffend anzugeben, wenn für die Stahlzugspannung und für die Druckspannungsverteilung im Beton wirklichkeitsnahe Werte eingeführt werden. Grundsätzlich kann letztere nur zwischen den beiden Grenzwerten des elastischen Verhaltens hochfester Betonsorten und des plastischen Verhaltens niedrigfester (Bild 3.7) liegen. Die Nachrechnung der 134 Versuche mit einfach bewehrten Balken im Heft 100 des Deutschen Ausschusses für Stahlbeton zeigt, dass die parabolische Druckspannungsverteilung von *J.L. Mensch* (1914) gemäß Bild 3.4 mit den Versuchsergebnissen gut übereinstimmt (Bild 3.8). Die Stahlzugspannungen können in Abhängigkeit von der Verbundwirkung und der eventuellen Vorspannung wie folgt in Rechnung gestellt werden.

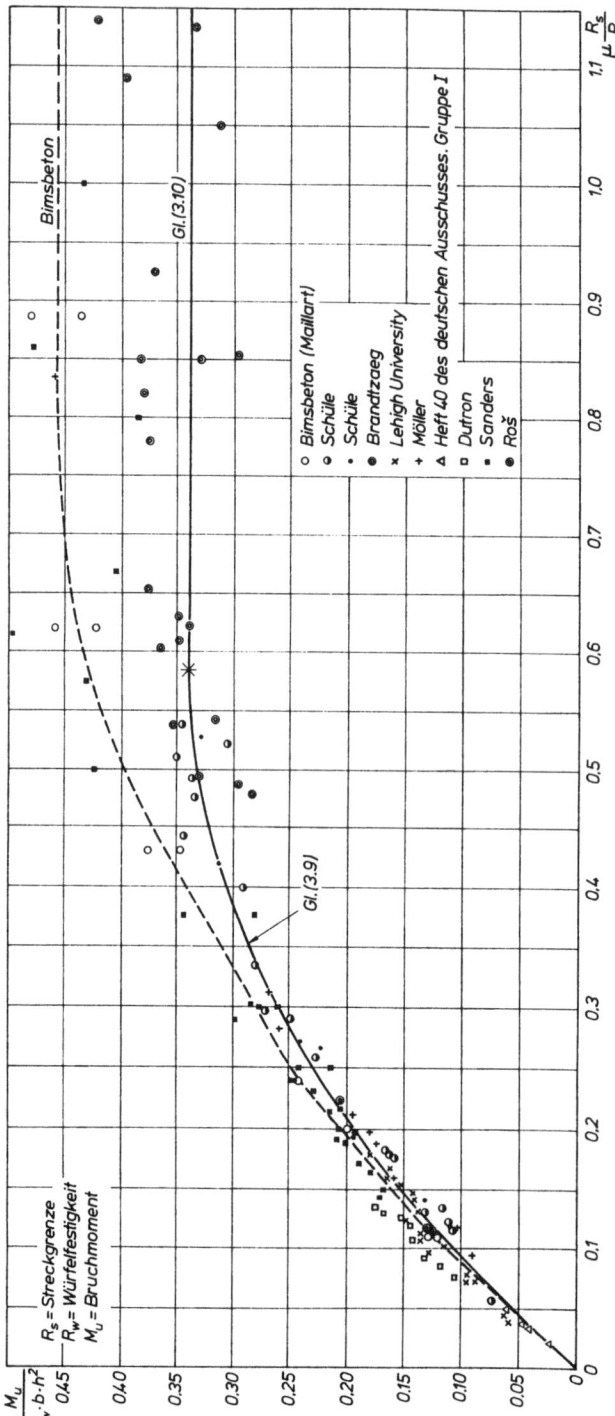

Bild 3.6: *Das Biegebruchmoment von Eisenbetonbalken nach Versuchen von R. Maillart und anderen (1938)*

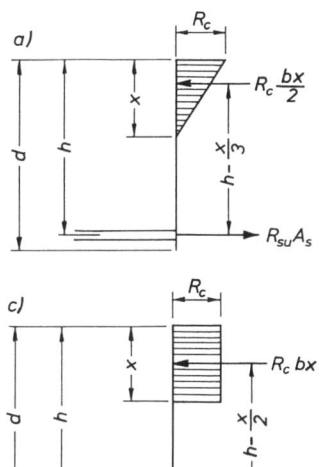
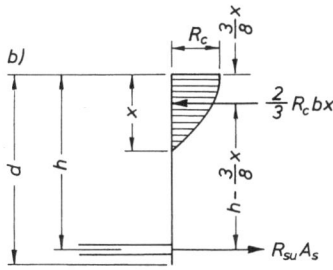

Bild 3.7: Biegedruckspannungsverteilungen:
a) hochfester Beton,
b) normaler Beton und
c) niedrigfester Beton

3.2.2 Stahlbeton ohne Druckbewehrung

Das rechnerische Biegebruchmoment (= Kraft mal Hebelarm)

$$\boxed{M_u = Z_u z} = \alpha R_{su} A_s h \left(1 - \frac{9}{16} \cdot \frac{\mu R_{su}}{R_c}\right) \qquad (3.12)$$

(der Klammerausdruck entspricht dem Beiwert k_z) erreicht höchstens den Größtwert (Bild 3.4)

$$\boxed{\frac{M_u}{R_c b h^2} = \frac{2}{3} \cdot \frac{5}{8} = \frac{1}{2{,}4} = 0{,}417} \qquad \begin{aligned} \frac{2}{3} &= \text{Völligkeit der Druckzone} \\ \frac{5}{8} &= \frac{z}{h} \quad \text{für } x = h \end{aligned} \qquad (3.13)$$

Die Stahlzugspannung kaltgereckter Bewehrungen liegt beim Bruch über der konventionellen Streckgrenze

$$\boxed{R_{su} = 0{,}75\, R_{0{,}2} + 0{,}25\, R_u} = R_{0{,}2} + \frac{R_u - R_{0{,}2}}{4} \qquad (3.14)$$

und der die Bewehrung entlastende Einfluss der Zugfestigkeit des Betons zwischen zwei Biegerissen kann näherungsweise mit dem Multiplikator

$$\boxed{\alpha = 1{,}2 - \frac{\mu R_{su}}{2 R_c} \geq 1} \qquad (3.15)$$

erfasst werden. Die 349 nachgerechneten Versuche mit Bruchmomenten bis zu 2,22 MNm (Bild 3.9) sind durch die folgenden statistischen Kennwerte charakterisiert:
- arithmetisches Mittel $\quad$ A = 0,999
- Standardabweichung $\quad$ S = 0,087
- Variationskoeffizient $\quad$ V = 0,087

Biegung

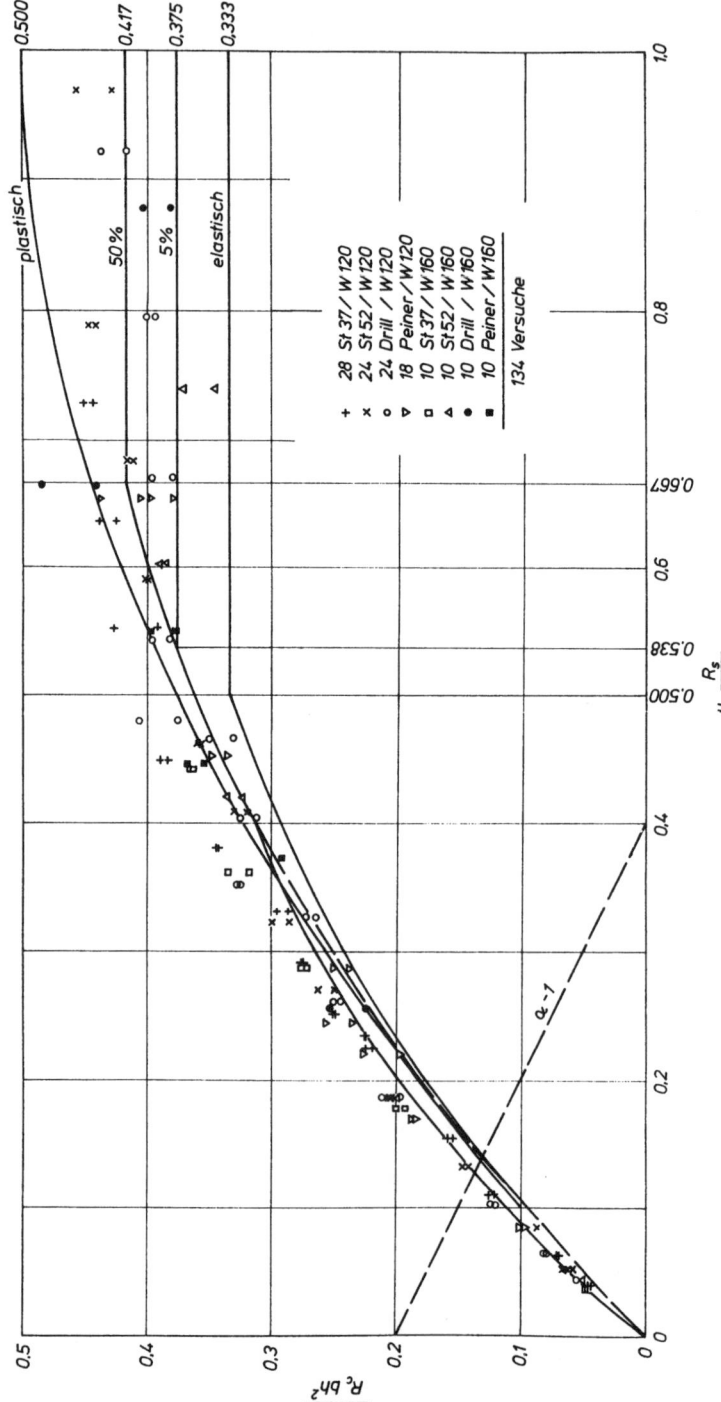

Bild 3.8: Biegebruchmoment einfach bewehrter Stahlbetonbalken nach Versuchen des Deutschen Ausschusses für Stahlbeton, H. 100. Ernst & Sohn, Berlin 1943

Wirklichkeitsnahes Bemessungsverfahren

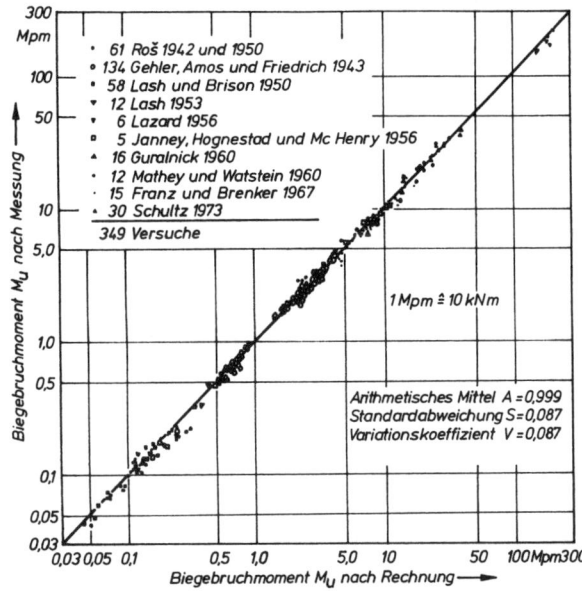

Bild 3.9: Biegebruchmoment von 349 einfach bewehrten Stahlbetonbalken nach Rechnung und Messung (1942-1973)

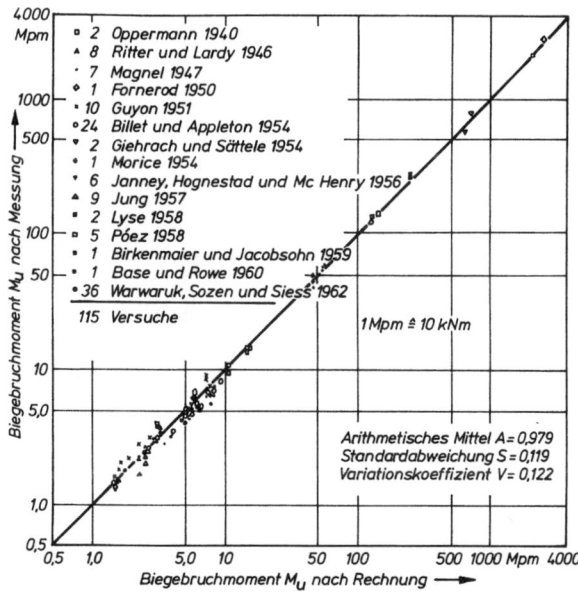

Bild 3.10: Biegebruchmoment von 115 Spannbetonbalken mit Verbund nach Rechnung und Messung (1940-1962)

Biegung

Die Bemessung des Stahlbetons hat aber nicht vom *Mittelwert* (= 50%-Fraktile) der Versuchsergebnisse auszugehen, sondern von ihrer *unteren Schranke* (= 5%-Fraktile), das heißt, nur 5 % der Versuchsergebnisse liegen unter dem Rechenwert. Wie ein Blick auf Bild 3.8 zeigt, wird die untere Schranke des Biegebruchmoments einfach bewehrter Stahlbetonquerschnitte mit der umgeformten Gleichung (3.12) für $\alpha = 1$ (vgl. gl. (3.15))

$$\boxed{\frac{M_{u5\%}}{R_c bh^2} = \frac{\mu R_{su}}{R_c}\left(1 - \frac{9}{16}\cdot\frac{\mu R_{su}}{R_c}\right) \leq 0{,}375} \qquad (3.16)$$

zuverlässig beschrieben. Die erforderliche Bewehrung folgt dann aus Gl. (3.12) zu

$$\boxed{A_s = \frac{M_u}{R_{su}z}} = \frac{M_u}{R_{su}k_z h} = \frac{M_u}{R_{su}h\left(1 - \frac{9}{16}\cdot\frac{\mu R_{su}}{R_c}\right)} \qquad (3.17)$$

Der Klammerausdruck k_z darf näherungsweise für Rechteckbalken gleich 0,90 und für Plattenbalken gleich 0,95 gesetzt werden.

3.2.3 Stahlbeton mit Druckbewehrung

Das erreichbare Bruchmoment doppelt bewehrter Stahlbetonbalken setzt sich aus dem Anteil M_{u1} ohne Druckbewehrung gemäß Gl. (3.12) bzw. (3.13) und aus dem Anteil der Druckbewehrung

$$\boxed{M_{u2} = \eta R_s A_{s2}(h - h')} \qquad (3.18)$$

zusammen. Der bei älteren Versuchen festgestellte Wirkungsgrad der Druckbewehrung $\eta < 1$ ist auf den schlechteren Verbund der damals verwendeten Rundstahlbewehrung gegenüber den gegenwärtig verfügbaren Rippenstählen zurückzuführen. Die gesamte Biegezugbewehrung setzt sich aus dem Anteil A_{s1} für den Querschnitt ohne Druckbewehrung und aus dem Anteil A_{s2} der Druckbewehrung zusammen ($A_s = A_{s1} + A_{s2}$).

3.2.4 Spannbeton mit Verbund

In voller Übereinstimmung mit dem Stahlbeton mit kaltgereckter Bewehrung wird die Stahlzugspannung beim Bruch eines Spannbetonquerschnitts mit Verbund von der Gl. (3.14) zuverlässig erfasst. Auch die Gln. (3.12) und (3.13) bzw. (3.16) behalten ihre Gültigkeit. Für die 115 nachgerechneten Versuche mit Bruchmomenten bis zu 28,7 MNm (Bild 3.10) betragen die statistischen Kennwerte (vgl. Abschnitt 3.2.2) A = 0,971; S = 0,118 und V = 0,122.

3.2.5 Spannbeton ohne Verbund

Der einzige Unterschied zum Spannbeton mit Verbund besteht darin, dass die Stahlzugspannung beim Bruch sehr stark von der aufgebrachten Vorspannung (abzüglich aller Verluste infolge Reibung, Schwinden, Kriechen und Relaxation) abhängt:

$$\boxed{R_{su} = 0{,}6\,\sigma_{v\infty} + 0{,}3\,R_{0{,}2} + 0{,}1\,R_u} \qquad (3.19)$$

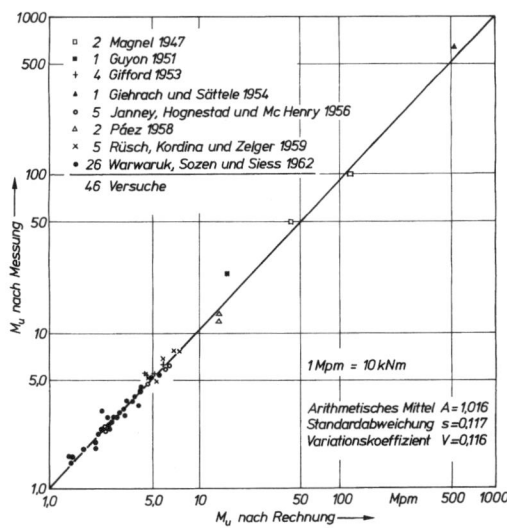

Bild 3.11: Biegebruchmoment von 46 Spannbetonbalken ohne Verbund nach Rechnung und Messung (1947-1962)

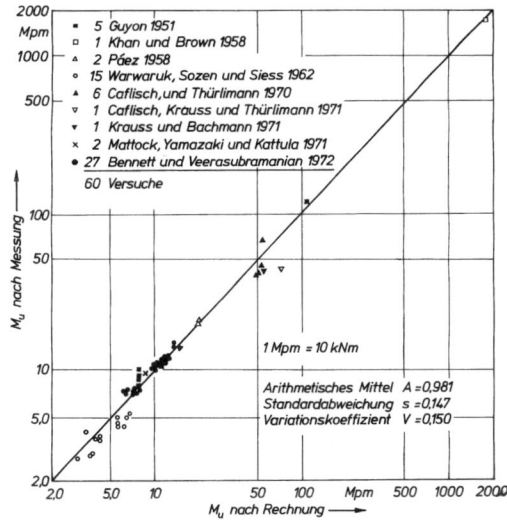

Bild 3.12: Biegebruchmoment von 60 teilweise vorgespannten Betonbalken mit Verbund nach Rechnung und Messung (1951-1972)

Biegung

Die Gln. (3.12) und (3.13) bzw. (3.16) bleiben gültig. Für die 46 nachgerechneten Versuche mit Bruchmomenten bis zu 5,98 MNm (Bild 3.11) ergaben sich die statistischen Kennwerte zu A = 1,016; S = 0,117 und V = 0,116.

3.2.6 Teilweise vorgespannter Beton mit Verbund

Es gelten auch in diesem Fall die Gln. (3.12) und (3.13) bzw. (3.16) mit den verschiedenen Nutzhöhen der Spannglieder bzw. der schlaffen Bewehrung. Die 60 nachgerechneten Versuche mit Bruchmomenten bis zu 17,50 MNm (Bild 3.12) liefern die statistischen Kennwerte A = 0,981; S = 0,147 und V = 0,150.

3.2.7 Teilweise vorgespannter Beton ohne Verbund

Die Stahlspannungen beim Bruch gehorchen für die schlaffe Bewehrung mit Verbund der Gl. (3.14) und für die Spannglieder ohne Verbund der Gl. (3.19). Für die neun nachgerechneten Versuche mit Bruchmomenten bis zu 0,127 MNm (Bild 3.13) betragen die statistischen Kennwerte dann A = 1,001; S = 0,067 und V = 0,067.

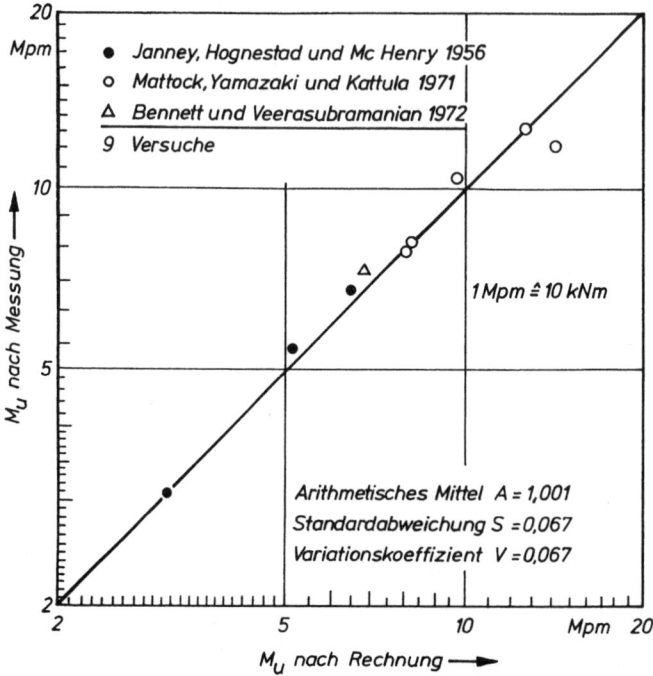

Bild 3.13: Biegebruchmoment von neun teilweise vorgespannten Betonbalken ohne Verbund nach Rechnung und Messung (1956-1972)

3.2.8 Kommentar

Die Auswertung von insgesamt 597 Bruchversuchen [3.18] im Jahr 1975 lieferte die statistisch abgesicherte Begründung für die Bemessung einfach und doppelt bewehrter Stahlbeton- und Spannbetonbalken auf Biegung. Die Bewehrung mit Verbund wird zwischen zwei Biegerissen durch den ungerissenen Beton so weit entlastet, dass die Stahlzugspannung beim Bruch „scheinbar" über derjenigen liegt, die sich unter Annahme eines bis zur neutralen Achse (Nulllinie) aufgerissenen Stahlbetonquerschnitts ergibt.

3.2.9 Bemessungsablauf

Aus der Gl. (3.16) lässt sich, wie R. Saliger [3.10] bereits vor 64 Jahren gezeigt hat, mit dem Hilfswert (Tabelle 3.1)

$$C = \frac{1}{\sqrt{\frac{\mu R_{su}}{R_c}\left(1 - \frac{9}{16} \cdot \frac{\mu R_{su}}{R_c}\right)}} = \frac{1}{\sqrt{\frac{\mu R_{su}}{R_c} k_z}} \qquad (3.20)$$

die erforderliche Nutzhöhe des einfach bewehrten Stahlbetonquerschnitts

$$h = C\sqrt{\frac{M_u}{R_c b}} \qquad (3.21)$$

berechnen. Zur Bestimmung der erforderlichen Bewehrung wird zunächst für die gewählte Nutzhöhe der Hilfswert

$$C = \frac{h}{\sqrt{\frac{M_u}{R_c b}}} \qquad (3.22)$$

ermittelt. Aus der Tabelle 3.1 folgt dann der Hebelarm der inneren Kräfte $z = k_z h$, mit dem schließlich die erforderliche Bewehrung gemäß Gl. (3.17) zu

$$A_s = \frac{M_u}{R_{su} z} = \frac{M_u}{R_{su} k_z h}$$

berechnet wird.

Tabelle 3.1 Einfach bewehrter Rechteckquerschnitt unter reiner Biegung

$k_x = \dfrac{x}{h} = \dfrac{3}{2} \cdot \dfrac{\mu R_{su}}{R_c}$	$C = \dfrac{1}{\sqrt{\dfrac{\mu R_{su}}{R_c}\left(1 - \dfrac{9}{16} \cdot \dfrac{\mu R_{su}}{R_c}\right)}}$	$k_z = \dfrac{z}{h} = 1 - \dfrac{3}{8} \cdot \dfrac{x}{h}$
0		1,00
0,05	5,53	0,98
0,10	3,95	0,96
0,15	3,26	0,94
0,20	2,85	0,93
0,25	2,57	0,91
0,30	2,37	0,89
0,35	2,22	0,87
0,40	2,10	0,85
0,45	2,00	0,83
0,50	1,92	0,81
0,60	1,80	0,78
0,70	1,71	0,74
0,80	1,64	0,70
0,90	1,59	0,66
1	1,55	0,63

Zwischenwerte dürfen linear interpoliert werden.

Biegung

Zahlenbeispiel

Querschnittsabmessungen	$b/h = 40/90$ cm
Lastbeiwerte	$\gamma_g = 1,35 \quad \gamma_p = 1,50$
Widerstandsbeiwerte	$\gamma_s = 1,15 \quad \gamma_c = 1,50$
rechnerische Festigkeiten	$R'_{su} = R_{su}/\gamma_s = 500/1,15 = 435$ N/mm²
	$R'_c = R_c/\gamma_c = 0,8 \cdot 35/1,50 = 18,7$ MN/m²
Biegemoment	$\gamma M = \gamma_g M_g + \gamma_p M_p = 1,35 \cdot 0,74 + 1,50 \cdot 0,30 = 1,45$ MNm
Hilfswerte	$C = \dfrac{0,90}{\sqrt{\dfrac{1,45}{18,7 \cdot 0,40}}} = 2,04;$ aus Tabelle 3.1: $k_z = \dfrac{z}{h} = 0,84$
Bewehrung	$A_s = \dfrac{1,45}{435 \cdot 0,84 \cdot 0,90} = 0,00442$ m² $= 44,2$ cm² (7 Ø 28)

Vergleichsrechnung nach DIN 1045-1 neu

$M_{Sd} = 1,45$ MNm
$f_{cd} = 0,85 \cdot 35 / 1,5 = 19,83$ MN/m²   (C 35/45)
$f_{yd} = 500/1,15 = 435$ MN/m²   (BSt 500)

$\mu_{Sds} = 1,45 / (0,40 \cdot 0,90^2 \cdot 19,83) = 0,226$
$\rightarrow \omega = 0,261$
$A_s = 0,261 \cdot 0,40 \cdot 0,90 \cdot 19,83 / 435 = 0,00428$ m² $= 42,8$ cm²

nach *Herzog*:
$A_s = 44,2$ cm²

Kommentar: 1) In Herzog wurde der Rechenwert der Betonfestigkeit (im Vergleich zu DIN 1045-1 neu und EC 2) mit $f_{cd} = R'_c = 18,7$ MN/m² niedriger angesetzt
2) Ergebnisse nach DIN 1045-1 neu und EC 2 sind identisch

3.3 Versuchsnachrechnungen

3.3.1 Spannbeton mit Verbund

Der bisher größte Spannbetonträger mit Verbund wurde beim Bau der ersten Spannbetonbrücke in den USA, der Walnut Lane Bridge in Philadelphia, Pennsylvania, bis zum Bruch belastet [3.19]. Aus den Abmessungen und den gemessenen Baustofffestigkeiten (Bild 3.14) folgt die Stahlzugspannung beim Bruch gemäß Gl. (3.14) zu

$R_{su} = 0,75 \cdot 1480 + 0,25 \cdot 1720 = 1540$ MN/m²

und die gesamte Zugkraft der vier Spannglieder aus je 64 Ø 7 zu

$Z_u = R_{su} A_s = 1540 \cdot 0,00985 = 15,17$ MN

Die Höhe der Betondruckzone beträgt dann näherungsweise (plastische Druckspannungsverteilung in der Druckplatte des Plattenbalkens) nach Bild 3.4 bzw. 3.7 b

$$x = \frac{3}{2} \cdot \frac{Z_u}{bR_c} = \frac{3}{2} \cdot \frac{15,17}{1,30 \cdot 45,7} = 0,383 \text{ m} \qquad (3.23)$$

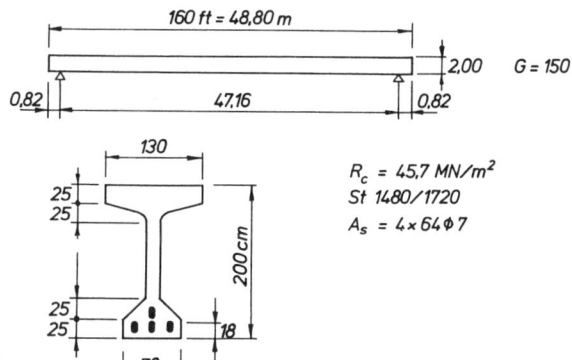

Bild 3.14: Abmessungen eines Trägers der Walnut Lane Bridge in Philadelphia, Pennsylvania, USA (1949)

und der Hebelarm der inneren Kräfte nach Bild 3.4 bzw. 3.7 b

$$z = h - \frac{3}{8}x = 1{,}82 - \frac{3}{8} \cdot 0{,}383 = 1{,}676 \text{ m} \tag{3.24}$$

Damit ergibt sich das Bruchmoment ohne Beachtung des zwischen den Biegerissen auf Zug mitwirkenden Betons (übliche Annahme) zu

$M_{uo} = Z_u z = 15{,}17 \cdot 1{,}676 = 25{,}42$ MNm (= 88,3 %)

und bei Berücksichtigung dieses Einflusses mit Gl. (3.15)

$$\alpha = 1{,}20 - \frac{0{,}00417 \cdot 1540}{2 \cdot 45{,}7} = 1{,}130$$

rechnerisch zu

$M_u^R = \alpha M_{uo} = 1{,}130 \cdot 25{,}42 = 28{,}72$ MNm (= 99,8 %),

während beim Bruchversuch der praktisch identische Wert (amerikanische Einheit 1000 ft-kips = 1,384 MNm)

$M_u^V = 20800$ ft-kips $= 28{,}79$ MNm (= 100 %)

gemessen wurde.

Vergleichsrechnung nach DIN 1045-1 neu

$A_S = 98{,}5$ cm² $= 0{,}00985$ m²
$f_{ck} = 45{,}7$ MN/m²
$f_{pk} = 1720$ MN/m²; $0{,}9 \cdot f_{pk} = 0{,}9 \cdot 1720 = 1548$ MN/m² (St 1480/1720)
$\omega = 0{,}00985 \cdot 1548 / (1{,}30 \cdot 1{,}82 \cdot 45{,}7) = 0{,}141$
→ $\mu_{Sds} = 0{,}128$ (Bemessungstabellen für Plattenbalken)
$M_u = 0{,}128 \cdot 1{,}30 \cdot 1{,}82^2 \cdot 45{,}7 = 25{,}2$ MNm (= 87,5 %)

nach *Herzog*:
$M_u = 28{,}79$ MNm

Kommentar: 1) Die Spannstahlfestigkeit ist wie folgt zu berücksichtigen
DIN 1045 (alt): $\beta_s = 1480$ MN/m²
EC 2: $0{,}9 \cdot f_{pk} = 1548$ MN/m² (nicht f_{yk}!!)
DIN 1045 (neu): $0{,}9 \cdot f_{pk} = 1548$ MN/m² (nicht f_{yk}!!)
2) Ergebnisse nach DIN 1045-1 neu und EC 2 sind identisch.

Biegung

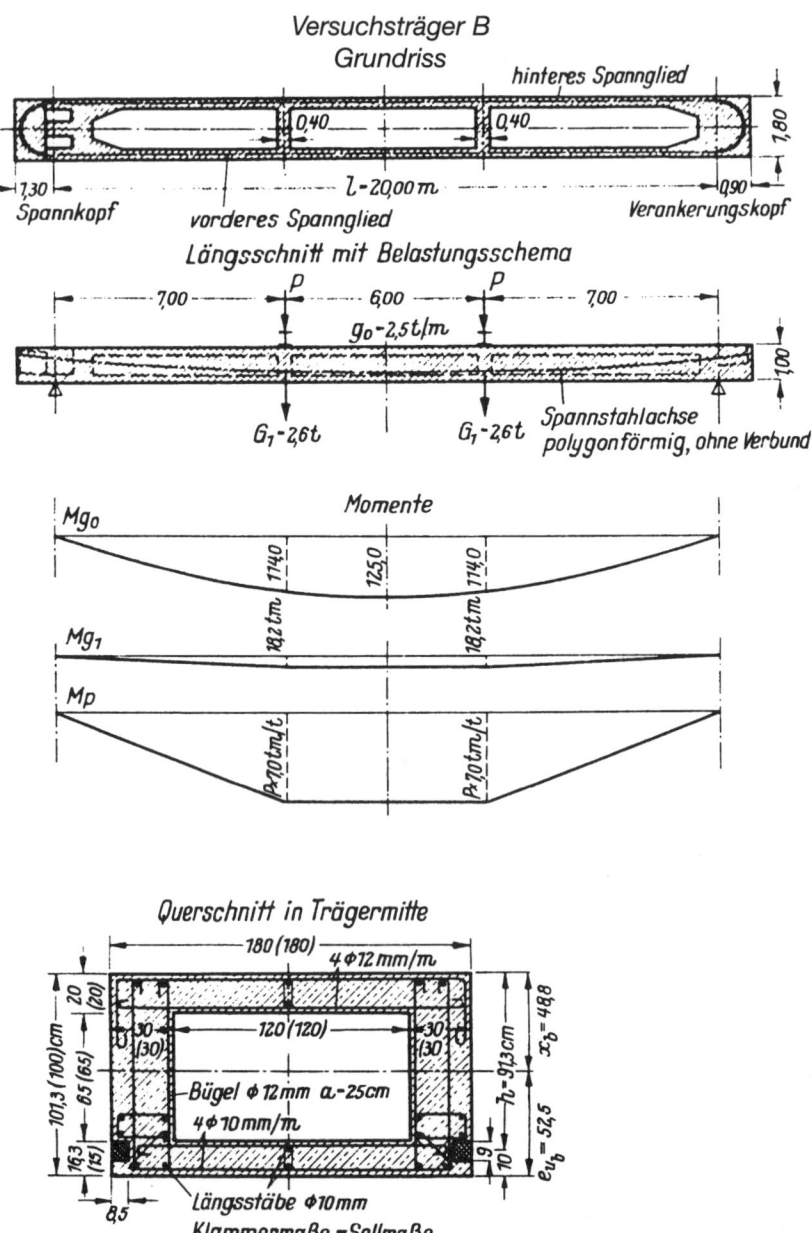

Bild 3.15: Abmessungen des Versuchsträgers B der Deutschen Bundesbahn aus Spannbeton ohne Verbund (1950/51)

3.3.2 Spannbeton ohne Verbund

Bei den Versuchen der Deutschen Bundesbahn mit vier verschiedenen Spannbetonträgern in Kornwestheim [3.20] wurde auch der Träger B ohne Verbund (Bild 3.15) bis zum Bruch belastet. Aus Gl. (3.19) folgt die rechnerische Stahlzugspannung der beiden konzentrierten Spannglieder beim Bruch zu

$R_{su} = 0{,}6 \cdot 941 + 0{,}3 \cdot 1600 + 0{,}1 \cdot 1800 = 1225$ MN/m² (= 94,2 %)

während die gemessene etwa 1300 MN/m² (= 100 %) betrug. Mit der Zugkraft der beiden Spannglieder aus 144 Litzen Ø 7,5 mm der Stahlgüte St 1800 und der schlaffen Bewehrung von 10 Ø 10 mm aus BSt I

$Z_u = 1225 \cdot 0{,}00494 + 220 \cdot 0{,}000785 = 6{,}05 + 0{,}17 = 6{,}22$ MN

und der Prismendruckfestigkeit der Betons $R_c = 46{,}7$ MN/m² ergibt sich die Höhe der Betondruckzone nach Gl. (3.23) zu

$$x = \frac{3 \cdot 6{,}22}{2 \cdot 1{,}80 \cdot 46{,}7} = 0{,}111 \text{ m (Dicke der Druckplatte 20 cm)}$$

und der Hebelarm der inneren Kräfte nach Gl. (3.24) zu

$z = h - \frac{3}{8}x = 0{,}913 - \frac{3}{8} \cdot 0{,}111 = 0{,}871$ m.

Das rechnerische Bruchmoment beträgt nach Gl. (3.12) für $\alpha = 1$

$M_u^R = Z_u z = 6{,}22 \cdot 0{,}871 = 5{,}42$ MNm (= 90,6 %)

während beim Bruchversuch

$M_u^V = M_g + M_p = 1{,}43 + 0{,}65 \cdot 7{,}00 = 5{,}98$ MNm (= 100 %)

gemessen wurde. Nach DIN 4227 hätte sich wiederum nur das erheblich kleinere Bruchmoment von

$M_u^{DIN} = [(941 + 140) \cdot 0{,}00494 + 220 \cdot 0{,}000785] \left(0{,}913 - \frac{0{,}066}{2}\right)$
$= (5{,}34 + 0{,}17) \cdot 0{,}880 = 4{,}85$ MNm (= 81,1 %)

ergeben.

3.3.3 Stahlbeton ohne Druckbewehrung

Die französische Staatsbahn SNCF ließ 1955/56 vier große Plattenbalken, die mit Torstahl 60 und 80 bewehrt waren, bis zum Bruch belasten [3.21]. Hier wird nur der mit Torstahl 60 bewehrte Plattenbalken mit Zugflansch (Bild 3.16) nachgerechnet. Die Stahlzugspannung beim Bruch ergibt sich mit Gl. (3.14) zu

$R_{su} = 0{,}75 \cdot 660 + 0{,}25 \cdot 810 = 495 + 203 = 698$ MN/m²

und die Zugkraft der Bewehrung aus 8 Ø 22 mit $A_s = 30{,}41$ cm² zu

$Z_u = 698 \cdot 0{,}003041 = 2{,}123$ MN

Für die gemessene Würfeldruckfestigkeit $R_w = 31{,}9$ MN/m² wird die rechnerische Prismendruckfestigkeit zu

$R_c = 0{,}8\, R_w = 0{,}8 \cdot 31{,}9 = 25{,}5$ MN/m²

abgeschätzt. Die Höhe der Betondruckzone folgt dann nach Gl. (3.23) zu

Biegung

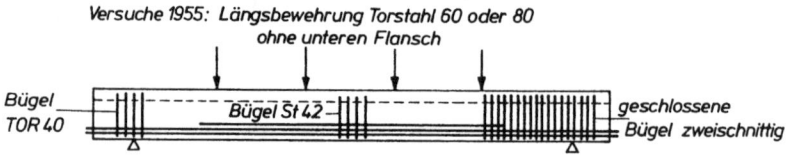

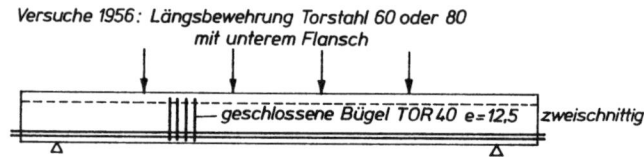

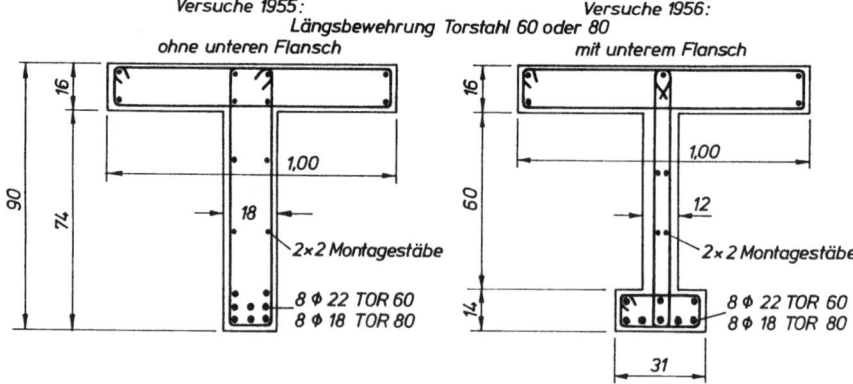

Bild 3.16: Abmessungen des Versuchsträgers der französischen Staatsbahn SNCF aus Stahlbeton, bewehrt mit Torstahl 60 (1955/56)

$$x = \frac{3 \cdot 2{,}123}{2 \cdot 1{,}00 \cdot 25{,}5} = 0{,}125 \text{ m (Dicke der Druckplatte 16 cm)}$$

und der Hebelarm der inneren Kräfte nach Gl. (3.24) zu

$$z = 0{,}84 - \frac{3}{8} \cdot 0{,}125 = 0{,}793 \text{ m}$$

Das rechnerische Bruchmoment ohne Mitwirkung des Betons zwischen zwei Biegerissen beträgt dann
$M_{uo} = 2{,}123 \cdot 0{,}793 = 1{,}684$ MNm (= 89,1 %).

Wird die entlastende Mitwirkung des Betons zwischen zwei Biegerissen mit dem Beiwert

$$\alpha = 1{,}20 - \frac{0{,}00362 \cdot 698}{25{,}5} = 1{,}101$$

erfasst, so beträgt das rechnerische Bruchmoment schließlich

$M_u^R = 1{,}101 \cdot 1{,}684 = 1{,}854$ MNm (= 98,1 %),

während beim Bruchversuch der Wert

$M_u^V = 0{,}840 \cdot 2{,}25 = 1{,}890$ MNm (= 100 %) gemessen wurde.

Nach DIN 1045 (1988) bzw. EC 2 hätten sich nur die erheblich kleineren Bruchmomente von

$M_u^{DIN} = 660 \cdot 0{,}003041 \left(0{,}84 - \dfrac{0{,}079}{2}\right) = 1{,}607$ MNm (= 85,0 %) bzw.

$M_u^{EC\,2} = 0{,}9 \cdot 810 \cdot 0{,}003041 \left(0{,}84 - \dfrac{0{,}087}{2}\right) = 1{,}767$ MNm (= 93,5 %) ergeben.

Vergleichsrechnung nach DIN 1045-1 neu

$A_s = 30{,}41$ cm² $= 0{,}003041$ m²

$f_{ck} = 25{,}5$ MN/m²

$f_{pk} = 810$ MN/m²; $0{,}9 \cdot f_{pk} = 0{,}9 \cdot 810 = 729$ MN/m² (St 660/810)

$\omega = 0{,}003041 \cdot 729 / (1{,}00 \cdot 0{,}84 \cdot 25{,}5) = 0{,}103$

$\rightarrow \mu_{Sds} = 0{,}097$

$M_u = 0{,}097 \cdot 1{,}00 \cdot 0{,}84^2 \cdot 25{,}5 = 1{,}75$ MNm (= 92,6 %)

3.4 Folgerungen

Aus den Versuchsnachrechnungen geht klar hervor, dass das wirklichkeitsnahe Bemessungsverfahren des Abschnitts 3.2 mit den gemessenen Werten für die drei größten bisher geprüften Balken aus Spannbeton mit Verbund, aus Spannbeton ohne Verbund und aus Stahlbeton ohne Druckbewehrung ausgezeichnet übereinstimmt. Die übliche Bemessung auf Biegung nach DIN 1045, DIN 4227 bzw. EC 2 und auch nach Gl. (3.17) lässt dagegen die in den Versuchen beobachtete Mitwirkung des Betons zwischen den Biegerissen auf Zug (gilt nur bei vorhandenem Verbund der Bewehrung und Spannglieder) ungenutzt. Diese Vernachlässigung entspricht zufällig der *unteren Schranke* (= 5%-Fraktile) der Versuchsergebnisse.

3.5 Biegung mit Normalkraft

Falls die Biegezugbewehrung das Bemessungskriterium darstellt (kein Druckversagen), kann eine gleichzeitig wirkende Normalkraft (Druck oder Zug) sehr einfach berücksichtigt werden. Wenn das Biegemoment nicht wie üblich auf die Querschnittsachse, sondern auf die Höhenlage der Zugbewehrung bezogen wird (Bild 3.17)

$$M_s = M + N\left(h - \dfrac{d}{2}\right), \qquad (3.25)$$

dann beträgt die Biegezugbewehrung

$$A_s = \dfrac{\gamma_L}{R_s/\gamma_s}\left(\dfrac{M_s}{z} - N\right) \qquad (3.26)$$

Anwendungsbeispiele dieser beiden Gleichungen enthält der Abschnitt 24: Bunker im 4. Teil dieses Buches.

Biegung

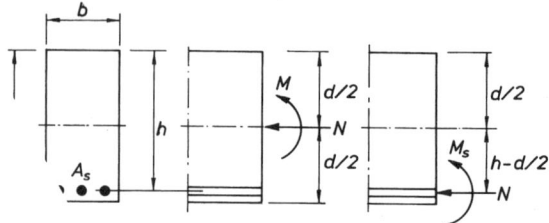

Bild 3.17: Rechteckquerschnitt unter Biegung mit Normalkraft

Literatur

[3.1] Koenen, M.: Für die Berechnung der Stärke der Monierschen Cementplatten. Centralblatt der Bauverwaltung 6 (1886) S. 462-465
[3.2] Neumann, P.: Über die Berechnung der Monier-Constructionen. Wochenschrift d. ÖIAV 15 (1890) S. 209-212
[3.3] Coignet, E. und de Tedesco, N.: Du calcul des ouvrages en ciment avec ossature métallique. Mémoires de la Societé des Ingénieurs Civils de France 1894/I, S. 282-363
[3.4] Christophe, P. Le béton armé et ses applications. Annales des Travaux Publics de Belgique 56 (1899) S. 429-1118
[3.5] Suenson, E.: Jaernprocentens indflydelse paa jaernbeton-pladers baereevne. Ingeniøren 21 (1912) S. 568
[3.6] Mensch, J.L.: New-old theory of reinforced concrete beams in bending. ACI Journal 10 (1914) No. 7, S. 28-41
[3.7] Stüssi, F.: Über die Sicherheit des einfach bewehrten Rechteckbalkens. IVBH Abhandl. 1 (1932) S. 487-495
[3.8] Talbot, A.N.: Tests of reinforced concrete beams. University of Illinois, Engg. Exp. Station, Bulletin No. 1, Urbana, 1904
[3.9] Brandtzaeg, A.: Der Bruchzustand und Sicherheitsgrad von rechteckigen Eisenbetonquerschnitten unter Biegung oder ausmittigem Druck. Norges Tekniske Høiskole, Avhandlinger til 25-årsjubileet 1935, S. 667-764
[3.10] Saliger, R.: Bruchzustand und Sicherheit im Eisenbetonbalken. Beton & Eisen 35 (1936) S. 317-320 und 339-346
[3.11] Whitney, C.S.: Design of reinforced concrete members under flexure and combined flexure and direct compression. ACI Journal 33 (1937) S. 483-498
[3.12] Maillart, R.: Aktuelle Fragen des Eisenbetonbaues. Schweiz. Bauzeitung 111 (1938) S. 1-5
[3.13] Puwein, M.G.: Die Formgrenze als Grundlage der Bemessung. Zeitschrift d. ÖIAV 93 (1948) S. 104-106
[3.14] Bittner, E.: Das Halbparabelverfahren. Selbstverlag, Salzburg 1948
[3.15] Pucher, A.: Lehrbuch des Stahlbetonbaues. Springer, Wien 1949
[3.16] Mörsch, E.: Die Ermittlung des Bruchmoments von Spannbetonträgern. Bautechnik 26 (1949) S. 98-99
[3.17] Rüsch, H.: Bruchlast und Bruchsicherheitsnachweis von Stahlbeton unter besonderer Berücksichtigung der Vorspannung. Beton- & Stahlbetonbau 45 (1950) S. 215-220
[3.18] Herzog, M.: Das Querschnittsbiegebruchmoment von Stahlbeton, teilweise vorgespanntem Beton und Spannbeton nach Versuchen. Beton- & Stahlbetonbau 70 (1975) S. 62-68
[3.19] Fornerod, M.: Load and destruction test of 160 ft girder designed for first prestressed concrete bridge in USA. IVBH Abhandl. 10 (1950) S. 11-35
[3.20] Giehrach, U. und Sättele, C.: Die Versuche der Bundesbahn an Spannbetonträgern in Kornwestheim. Deutscher Ausschuss für Stahlbeton, H. 115. Ernst & Sohn, Berlin 1954
[3.21] Lazard, A.: Essais jusqu'à rupture des poutres armées d'acier TOR 60 et 80. IVBH Abhandl. 16 (1956) S. 333-344

4 Schub

4.1 Geschichtliche Entwicklung

1899 betrachtete *W. Ritter* [4.1] die Bügel eines Stahlbetonbalkens als Pfosten eines gedachten Fachwerkträgers mit Druckstreben aus Beton (Bild 4.1). *E. Mörsch* stellte 1907 das Fachwerkmodell der Schubwirkung, ergänzt um die Wirkung der Aufbiegungen als Zugstreben, in der Hauptversammlung des Deutschen Beton-Vereins vor [4.2]. Er benützte die rechnerische Schubspannung

$$\tau_o = \frac{Q}{b_o z} \tag{4.1}$$

als Maß der Beanspruchung des Betons und errechnete die erforderliche Schrägbewehrung (Aufbiegung von Längsstäben unter 45°) für das Fachwerk mit einfach gekreuzten Druck- und Zugstreben (Bild 4.2) zu

$$A_{sw1} = \frac{Q}{\sigma_e z \sqrt{2}} \tag{4.2}$$

bzw. für die vertikalen Bügel zu

$$A_{sw2} = \frac{Q}{\sigma_e z} \tag{4.3}$$

Weil die Querkraft der Änderung des Biegemoments entspricht,

$$Q = \frac{dM}{dx} \tag{4.4}$$

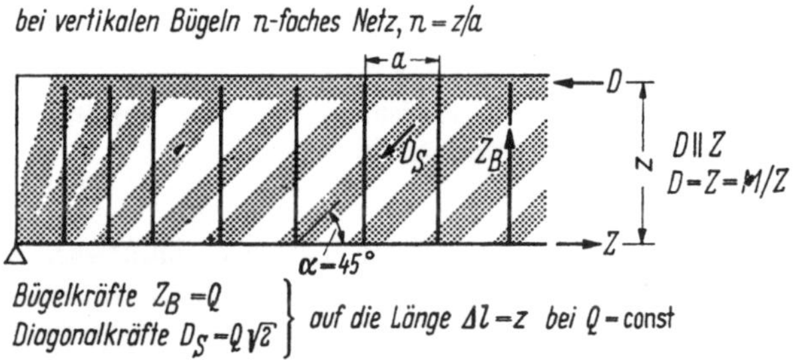

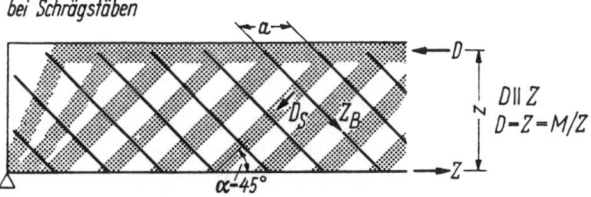

Bild 4.1: *Gedachter Fachwerkträger mit vertikalen Bügeln als Zugpfosten und Druckstreben aus Beton nach W. Ritter (1899)*

Bild 4.2: *Gedachter Fachwerkträger mit Aufbiegungen der Längsbewehrung als Zugstreben und gekreuzten Druckstreben aus Beton nach E. Mörsch (1907)*

kann die Summe der erforderlichen Schubbewehrung im Bereich zwischen dem größten negativen Biegemoment M_S über der Stütze und dem größten positiven Biegemoment M_F im Feld eines Durchlaufträgers auch unmittelbar aus den entsprechenden Längsbewehrungen A_{sS} und A_{sF} für die Schrägbewehrung unter 45° zu

$$A_{sw1} = \frac{A_{sS} + A_{sF}}{\sqrt{2}} \tag{4.5}$$

und für die vertikalen Bügel zu

$$A_{sw2} = A_{sS} + A_{sF} \tag{4.6}$$

bestimmt werden. Sind sowohl Schrägstäbe (Aufbiegungen) als auch vertikale Bügel vorhanden, so ist die Querkraft auf beide aufzuteilen. Diese vollständige Abdeckung der vorhandenen Querkraft mit Schrägstäben und/oder Bügeln wird auch als *volle Schubdeckung* bezeichnet.

Weil die Versuche des Deutschen Ausschusses für Eisenbeton von *C. Bach* und *O. Graf* ([4.3] bis [4.5]) bereits 1911/12 gezeigt hatten, dass die wirklichen Beanspruchungen der Schrägstäbe und Bügel kleiner ausfielen, als die Rechnung nach *E. Mörsch* erwarten ließ, wurden 1921 erstmals Stahlbetonbalken mit *verminderter Schubdeckung* [4.6] geprüft. Bei halber Schubdeckung $\eta = 0{,}5$ betrug die Bruchlast (1,20 MN) gleich viel wie bei voller $\eta = 1{,}0$ (1,19 MN).

In den USA wurden bei der Schubsicherung von Stahlbetonbalken mit Schrägstäben (Aufbiegungen) und vertikalen Bügeln schon immer die vom Beton ohne Schubbewehrung aufnehmbare Querkraft abgezogen. Diese Bemessungsregel wurde in Europa auch von *R. Saliger* [4.7] vertreten.

Verschiedene Schubversuche von *R. Walther* 1955 in der Schweiz [4.8] und 1957 in den USA [4.9] ließen deutlich den Einfluss des Verbundes der Längsstäbe auf das Tragverhalten erkennen (vom Bogen mit Zugband bei polierter Längsbewehrung bis zu den Betonzähnen zwischen den Rissen bei Gewindestäben).

1965 stellte *F. Leonhardt* [4.10] seine Idee vom Schubtragverhalten der Stahlbetonträger verschiedenster Querschnittsform aufgrund der neuen Stuttgarter Versuche vor und wies auf den großen Einfluss des Verhältnisses der Stegbreite zur Breite der Druckzone von Plattenbalken (Bild 4.3) hin. Auch betonte er die unterschiedlichen Zuggurtkräfte am Balkenauflager in Abhängigkeit von der Art der Schubbewehrung

a) bei vertikalen Bügel $Z_A = Q$,
b) bei Schrägstäben (Aufbiegungen) unter 45° $Z_A = Q/2$ und
c) bei mehrfachen Strebensystemen $Q/2 < Z_A < Q/4$.

Weil das Tragmodell eines Stahlbetonbalkens ohne Schubbewehrung das Sprengwerk mit Zugband ist, beträgt dort die Zuggurtkraft am Auflager $Z_A = M/z > Q$. Eine Abstufung der Längsbewehrung wäre in diesem Fall gefährlich. Nur bei Platten $d < 40$ cm ist nach *G. Kani* [4.11] eine Abstufung der Längsbewehrung ohne Einbuße an Sicherheit möglich, weil dann der Biegewiderstand der Betonzähne zwischen den Rissen eine Verankerung der abgestuften Längsbewehrung erlaubt. Amerikanische Versuche [4.12] hatten bereits 1952 ergeben, dass die Zuggurtkraft am Balkenauflager den Wert $Z_A = 1{,}2\,Q$ niemals übersteigt. Zur vereinfachten Erfassung des Auflagerproblems

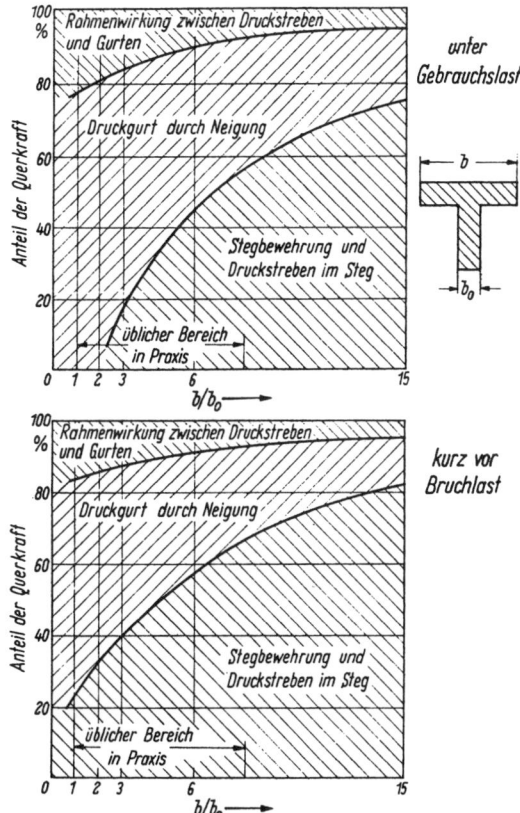

Bild 4.3: Einfluss des Verhältnisses der Stegbreite zur Breite der Druckzone von Plattenbalken nach F. Leonhardt (1965)

schlug *Leonhardt* die Verwendung eines Versatzmaßes (als Funktion des Schubdeckungsgrades η) von

$v/h = 1{,}2 - 0{,}9\ \eta$ \hfill (4.7a)

für vertikale Bügel bzw. von

$v/h = 1{,}2 - 1{,}2\ \eta$ \hfill (4.7b)

für Schrägstäbe unter 45° Neigung vor, um welches die Momentenlinie seitlich zu verschieben ist. Bei indirekter Lagerung muss die ankommende Querkraft mit zusätzlichen Bügeln (Bild 4.4) voll im stützenden Träger aufgehängt werden.

Bei Durchlaufträgern ist zu beachten, dass der Feldabschnitt bei dicken Stegen nicht im Momentennullpunkt am Stützenkragabschnitt aufgehängt ist, sondern erst viel näher an der Zwischenstütze (Bild 4.5). Der untere Zuggurt des Feldabschnitts muss daher mindestens in halber Größe bis auf die Zwischenstütze geführt werden, was eine alte konstruktive Regel ist. Wegen der entstehenden flachen Risse ($\alpha \approx 30°$) sind neben den Zwischenstützen von Durchlaufträgern vertikale Bügel besonders wirksam. Die Schubtragfähigkeit von Durchlaufbalken lag für vergleichbare Verhältnisse stets unter derjenigen von Einfeldbalken, was auf eine stärkere Umlagerung der inneren Kräfte infolge des schlechteren Verbundes der oben liegenden Längsbewehrung zurückgeht.

Schub

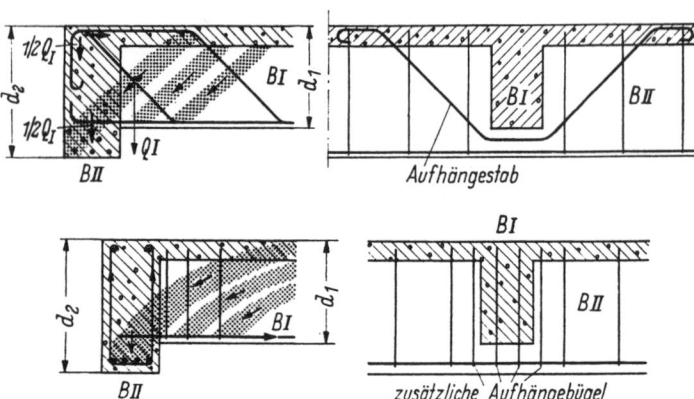

Bild 4.4: Aufhängung des ankommenden Trägers im stützenden Träger bei indirekter Lagerung nach F. Leonhardt (1966)

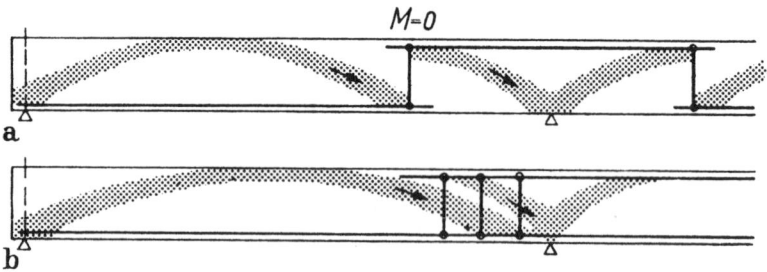

Bild 4.5: Gedachte Tragwirkung von Durchlaufträgern nach F. Leonhardt (1965)

Für den erforderlichen Schubdeckungsgrad schlug *Leonhardt* die Gleichung

$$\eta = \frac{\gamma \tau_o - \tau_r}{\gamma \tau_o} \qquad (4.8)$$

vor, die inhaltlich der schon lange bekannten amerikanischen Bemessungspraxis entspricht. Bei Einfeldbalken ist $\tau_r = R_c/20$ und bei Durchlaufbalken $\tau_r = R_c/28$ zu setzen. Zur Vermeidung von Stegdruckbrüchen (nur bei dünnen Stegen relevant) darf die größte rechnerische Schubspannung des Betons die Werte

zul $\tau_o = 0{,}185\,R_c$ für vertikale Bügel bzw.

zul $\tau_o = 0{,}24\,R_c$ für Schrägstäbe (Aufbiegungen)

nicht übersteigen. Bei auflagernahen Lasten und kurzen Balken sowie Konsolen mit $M/Qh < 2$ darf der erforderliche Schubdeckungsgrad nach amerikanischen Versuchen [4.13] auf

$$\eta_{\text{red}} = \eta \cdot \frac{M}{2Qh} \qquad (4.9)$$

abgemindert werden.

4.2 Wirklichkeitsnahes Bemessungsverfahren

1982 zeigte M. Herzog [4.14], dass die Bemessung der Schubbewehrung in Form von vertikalen Bügeln (Aufbiegungen von Längsstäben werden gegenwärtig nicht mehr ausgeführt) mit den aus 145 einwandfreien Schubversuchen [4.15] empirisch gewonnenen, dimensionsfreien Gleichungen (Bild 4.6) für die 50%-Fraktile (Mittelwert) der Schubtragfähigkeit von Stahlbetonbalken

$$\frac{\tau_u}{R_c} = \frac{5\,\mu_w R_{sw}/R_c}{1 + 14\,\mu_w R_{sw}/R_c} \quad \text{bzw.} \tag{4.10a}$$

$$\frac{\mu_w R_{sw}}{R_c} = \frac{\tau_u/R_c}{5 - 14\,\tau_u/R_c} \tag{4.10b}$$

zutreffend beschrieben werden kann. Weil die modernen Sicherheitsbetrachtungen von der 5%-Fraktile (nur 5 % der Versuchswerte liegen unter dem Rechenwert) ausgehen, sollten für Bemessungszwecke stets die entsprechenden Gleichungen (Bild 4.6)

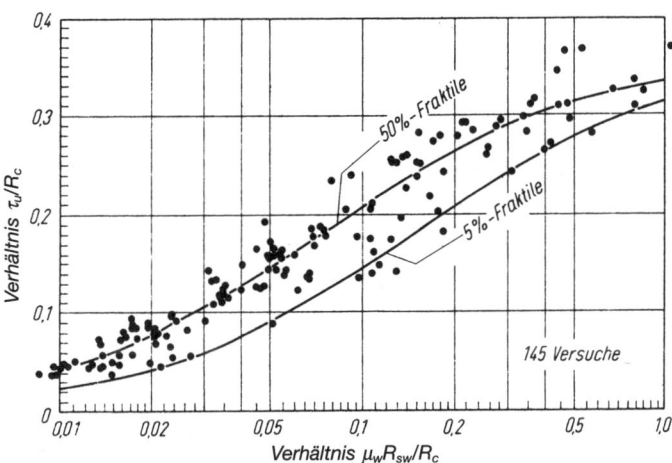

Bild 4.6: *Die Schubtragfähigkeit vertikaler Bügel nach 145 Versuchen in der dimensionslosen Darstellung von M. Herzog (1982)*

$$\boxed{\frac{\tau_u}{R_c} = \frac{5\,\mu_w R_{sw}/R_c}{2 + 14\,\mu_w R_{sw}/R_c}} \tag{4.11a}$$

bzw.

$$\boxed{\frac{\mu_w R_{sw}}{R_c} = \frac{2\,\tau_u/R_c}{5 - 14\,\tau_u/R_c}} \tag{4.11b}$$

verwendet werden.

Schub

Tabelle 4.1 50%- und 5%-Fraktilen der rechnerischen Schubbruchspannung als Funktion des mechanischen Schubbewehrungsgehalts

$\dfrac{\mu_w R_{sw}}{R_c}$	$\left.\dfrac{\tau_u}{R_c}\right\|_{50\%} = \dfrac{5\,\mu_w R_{sw}/R_c}{1 + 14\,\mu_w R_{sw}/R_c}$	$\left.\dfrac{\tau_u}{R_c}\right\|_{5\%} = \dfrac{5\,\mu_w R_{sw}/R_c}{2 + 14\,\mu_w R_{sw}/R_c}$
0,01	0,057	0,023
0,015	0,062	0,034
0,02	0,078	0,044
0,03	0,106	0,062
0,04	0,128	0,078
0,05	0,147	0,093
0,075	0,183	0,123
0,1	0,208	0,147
0,15	0,242	0,183
0,2	0,263	0,208
0,216	–	0,215
0,272	0,283	–
0,3	0,288	0,242
0,4	0,303	0,263
0,5	0,313	0,278
0,75	0,326	0,300
1,0	0,333	0,313

Es darf linear interpoliert werden.

Aus dem Vergleich (Bild 4.7) mit der Gleichung

$$\frac{\tau_u}{R_c} = \frac{\mu_w R_{sw}}{R_c} \qquad (4.12)$$

für die volle Schubdeckung nach *E. Mörsch* (Fachwerkanalogie mit der Strebenneigung von 45°) ist ersichtlich, dass sich zwei Schubdeckungsbereiche unterscheiden lassen, deren Grenze für den Mittelwert (= 50%-Fraktile) der Versuchswerte gemäß Gl. (4.10) bei

$$\left(\frac{\tau_u}{R_c}\right)^*_{50\%} = \left(\frac{\mu_w R_{sw}}{R_c}\right)^* = 0{,}283 \qquad (4.13a)$$

und für die untere Schranke (= 5%-Fraktile) der Versuchswerte gemäß Gl. (4.11) bei

$$\boxed{\left(\frac{\tau_u}{R_c}\right)^*_{5\%} = \left(\frac{\mu_w R_{sw}}{R_c}\right)^* = 0{,}215} \qquad (4.13b)$$

liegt. Unter diesen Grenzwerten liegt der Bereich der verminderten Schubdeckung, darüber derjenige des Stegdruckbruches. Im unterbewehrten Bereich $\mu_w R_{sw}/R_c < 0{,}283$ bzw. 0,215 ist für die ausreichende Schubsicherung die Zugfestigkeit der Bügel entscheidend, im überbewehrten Bereich $\mu_w R_{sw}/R_c > 0{,}283$ bzw. 0,215 die Druckfestigkeit des Steges als Druckstrebe. In diesem Fall wirken die Stegbügel als Querzugbewehrung der gedachten Druckstrebe (Bild 4.8). Aus der, wenn auch flacheren, Neigung der Gln. (4.10) und (4.11) rechts vom Grenzwert $(\mu_w R_{sw}/R_c)^* = 0{,}283$ bzw. $0{,}215$ ist abzuleiten, dass sich die Druckfestigkeit der gedachten Druckstrebe durch eine Verstärkung der Stegbügel anheben lässt. Wirtschaftlicher ist aber stets eine Verbreiterung des Steges, und zwar nach Möglichkeit so weit, dass der Grenzwert nicht überschritten wird.

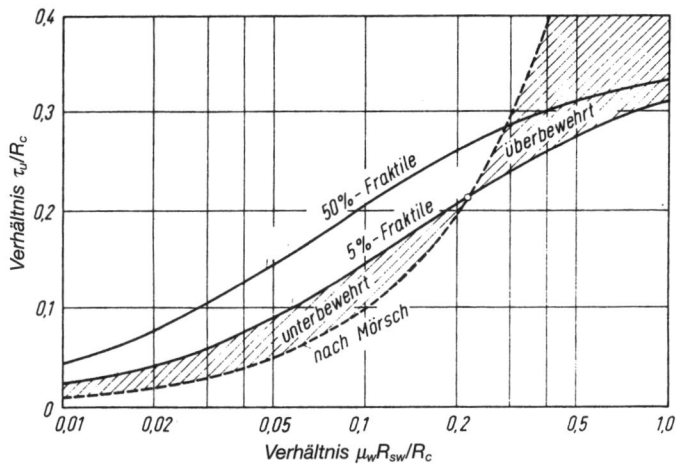

Bild 4.7: *Vergleich der abgeminderten Schubsicherung nach M. Herzog (1982) mit der vollen Schubsicherung nach E. Mörsch (1907)*

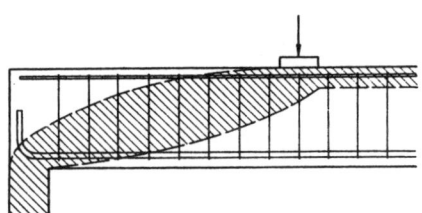

Bild 4.8: *Die vertikalen Bügel als Querzugbewehrung der gedachten Lagerdruckstrebe eines Stahlbetonbalkens*

Im für die Konstruktionspraxis maßgebenden unterbewehrten Bereich $\mu_w R_{sw}/R_c < 0{,}283$ bzw. $0{,}215$ liefert das Verhältnis

$$\frac{\mu_w R_{sw}}{\tau_u} = \tan \alpha_r \qquad (4.14)$$

die Neigung der Druckstreben (= Neigung der Schubrisse) im Steg und damit die Möglichkeit, die erforderliche Längsbewehrung über dem Auflager

$$\boxed{A_s R_s = \frac{Q_u}{\tan \alpha_r}} \qquad (4.15)$$

zu berechnen.

Schub

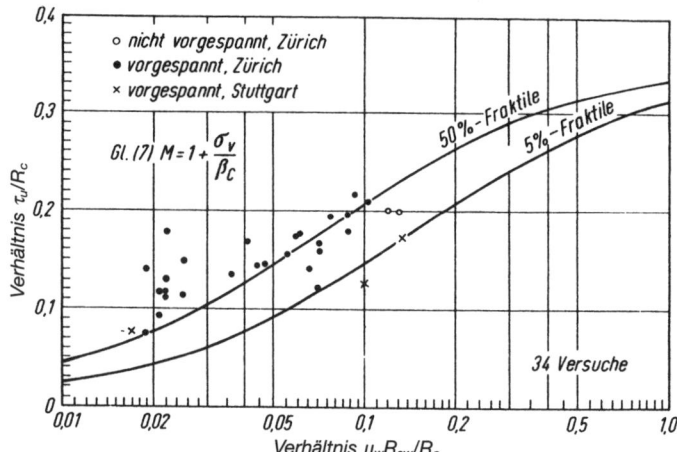

Bild 4.9: *Schubbruchspannungen von 34 Spannbetonbalken als Funktion der Bügelbewehrung nach M. Herzog (1982)*

Trägt man die Ergebnisse der Schubversuche mit verbügelten Spannbetonbalken in einem Diagramm (Bild 4.9) auf, so erkennt man, dass die 50%- und 5%-Fraktilen der Stuttgarter und Züricher Versuche zuverlässig beschrieben werden, wenn die Größe der Längsvorspannung mit dem Multiplikator (zentrische Verspannung $\sigma_v = V/A_c$)

$$K = 1 + \frac{\sigma_v}{R_c} \tag{4.16}$$

und der Einfluss der Spanngliedneigung mit der üblichen Abminderung der Querkraft

$$Q_{red} = Q - V \sin \alpha_z \tag{4.17}$$

erfasst wird.

Zur Vermeidung schlagartiger (spröder) Schubzugbrüche darf die Stegbewehrung einen bestimmten Mindestwert nicht unterschreiten. Es genügt, dass die Zugfestigkeit der vertikalen Bügel nicht kleiner ist als diejenige des Stegbetons

$$\min \mu_w \geq \frac{R_{ct}}{R_u} \tag{4.18}$$

Dieser verhältnismäßig große Mindestwert ist allerdings nur dann einzuhalten, wenn die rechnerische Schubbruchsicherheit mit der vorgesehenen Stegbewehrung unter den Wert für Brüche ohne Vorankündigung fällt.

1993 gelang *M. Herzog* [4.16] schließlich noch der Nachweis, dass der rechnerische Abminderungsbeiwert

$$\boxed{\eta = \frac{\tau_u}{0{,}215\, R_c}} \tag{4.19}$$

für die verminderte Schubdeckung von Stahlbeton- und Spannbetonbalken die Beibehaltung der allen Bauingenieuren geläufigen Bemessungsgleichungen (4.2) und (4.3) von *E. Mörsch* ermöglicht. Für Schrägbewehrungen (Aufbiegungen) gilt dann die Gleichung

$$A_{sw1} = \frac{\eta Q}{R_{sw} z \sqrt{2}} \qquad (4.20)$$

und für vertikale Bügel die Gleichung

$$A_{sw2} = \frac{\eta Q}{R_{sw} z} \qquad (4.21)$$

4.3 Versuchsnachrechnungen

4.3.1 Spannbeton mit Verbund

Es wird der Bruchversuch [4.17] an einem Einhängeträger der zweiten Brücke über die Lagune von Lagos in Nigeria, dem größten bisher geprüften Spannbetonträger (Bild 4.10), nachgerechnet. Beim Bruch des Balkens unter der Laststellung des Biegeversuchs betrugen am Ansatz der Stegverdickung (2,14 m vom theoretischen Lager entfernt)

$Q_{uv} = Q_{uo} - V \sin \alpha_z = 3{,}20 - 10{,}80 \cdot 0{,}0785 = 2{,}35$ MN gem. Gl. (4.17)

$\tau_{uv} = \dfrac{2{,}35}{0{,}23 \cdot 1{,}70} = 6{,}01$ MN/m²

$\sigma_v = \dfrac{10{,}80}{1{,}097} = 9{,}85$ MN/m² $\qquad R_c = 0{,}8 \cdot 60{,}6 = 48{,}5$ MN/m²

$K = 1 + \dfrac{9{,}85}{48{,}5} = 1{,}203$ gem. Gl. (4.16)

$\tau_u = \dfrac{6{,}01}{1{,}203} = 5{,}00$ MN/m² $\qquad \dfrac{\tau_u}{R_c} = \dfrac{5{,}00}{48{,}5} = 0{,}103$ (Messung)

$A_{sw} = 9{,}07$ cm²/m (vorhandene Bügel 2 Ø 12, $a = 25$ cm)

$\mu_w = \dfrac{9{,}07}{23} = 0{,}394$ %

$410 < R_{sw} < 460$ MN/m² (im Mittel $R_{sw} = 435$ MN/m²)

$\dfrac{\mu_w R_{sw}}{R_c} = \dfrac{0{,}394 \cdot 435}{100 \cdot 48{,}5} = 0{,}0353$

$\dfrac{\tau_u}{R_c} = \dfrac{5 \cdot 0{,}0353}{1 + 14 \cdot 0{,}0353} = 0{,}118$ (Rechenwert der 50%-Fraktile). gem. Gl. (4.10a)

Da beim Versuch ein Biegebruch und kein Schubbruch eintrat, lag die gemessene Schubbruchspannung unter der rechnerischen gemäß Gl. (4.10a). Die rechnerische Neigung der Schubrisse von

$\tan \alpha_r = \dfrac{\mu_w R_{sw}}{\tau_u} = \dfrac{0{,}394 \cdot 435}{100 \cdot 5{,}00} = 0{,}343$ bzw. $\alpha_r = 19°$ gem. Gl. (4.14)

stimmt mit der beobachteten Neigung (Bild 4.10d) gut überein.

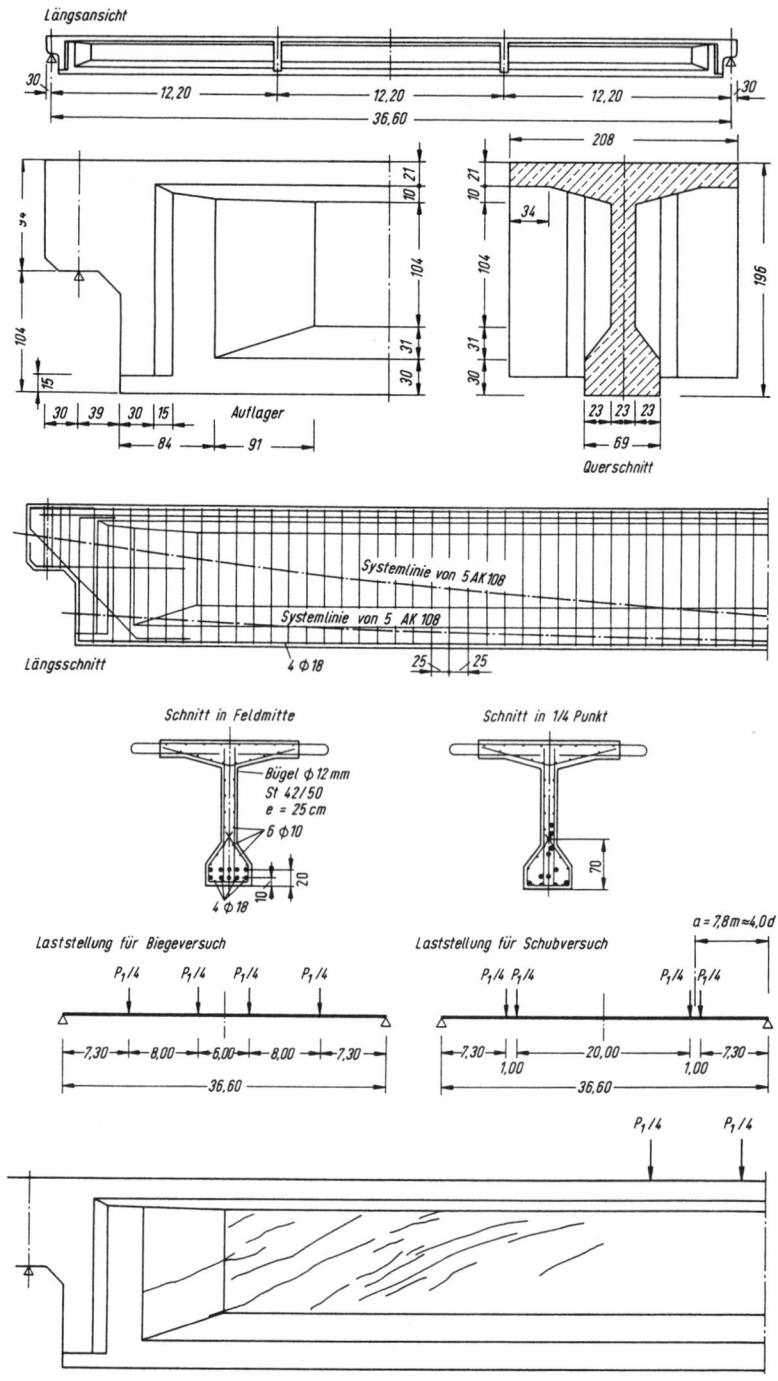

Bild 4.10: Einhängeträger der zweiten Lagunenbrücke in Lagos, Nigeria: a) Abmessungen, b) Bewehrung und Spannglieder, c) Laststellungen und d) Schubrisse

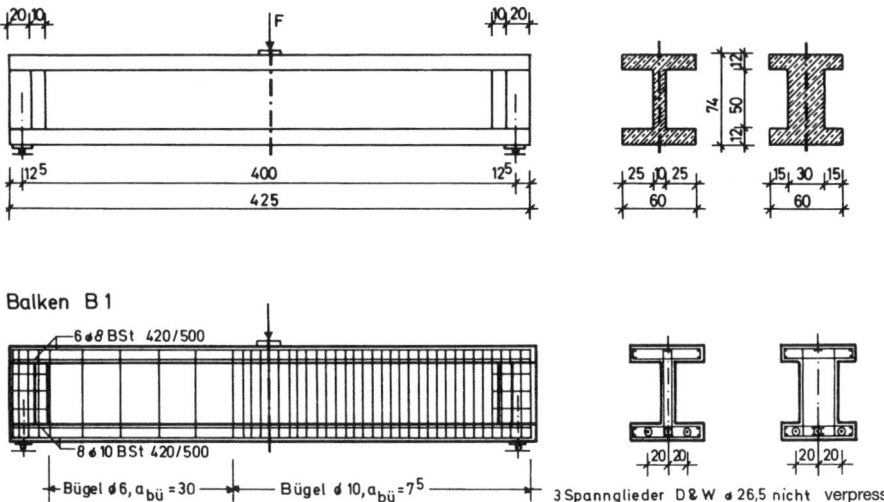

Bild 4.11: Braunschweiger Versuchsträger B1: a) Abmessungen und b) Bewehrung mit Spanngliedern

4.3.2 Spannbeton ohne Verbund

Es wird der Versuch [4.18] am Braunschweiger Balken B1 (Bild 4.11) nachgerechnet. Er war mit 3 geraden Dywidag-Stäben Ø 26,5 ohne Verbund vorgespannt. Die Verbügelung des Stegs war in beiden Trägerhälften verschieden groß: links Bügel 2 Ø 6, $a = 30$ cm und rechts Bügel 2 Ø 10, $a = 7,5$ cm. Mit den Kennwerten der linken Trägerhälfte

$$A_{sw} = \frac{2 \cdot 0{,}287}{0{,}30} = 1{,}913 \text{ cm}^2/\text{m} \quad R_{sw} = 446 \text{ MN/m}^2 \quad R_c = 19 \text{ MN/m}^2$$

$$\mu_w = \frac{1{,}913}{10} = 0{,}1913 \% \quad \mu_w R_{sw}/R_c = \frac{0{,}1913 \cdot 446}{100 \cdot 19} = 0{,}0449$$

$$\frac{\tau_u}{R_c} = \frac{5 \cdot 0{,}00449}{1 + 14 \cdot 0{,}0449} = 0{,}1378 \quad \tau_u = 2{,}62 \text{ MN/m}^2 \qquad \text{gem. Gl. (4.10a)}$$

$$Q_{uo} = \tau_u b_o z = 2{,}62 \cdot 0{,}10 \cdot 0{,}62 = 0{,}162 \text{ MN} \qquad \text{gem. Gl. (4.1)}$$

$$V = 0{,}596 \text{ MN} \quad \sigma_v = 0{,}596/0{,}194 = 3{,}07 \text{ MN/m}^2$$

und $K = 1 + \dfrac{3{,}07}{19} = 1{,}162$ \qquad gem. Gl. (4.16)

ergibt sich die rechnerische Schubtragfähigkeit zu

$$Q_{uv}^R = Q_{uo}\left(1 + \frac{\sigma_v}{R_c}\right) = 0{,}162 \cdot 1{,}162 = 0{,}189 \text{ MN } (= 84\%), \qquad (4.22)$$

während im Versuch die Querkraft beim Bruch zu $Q_u^V = 0{,}225$ MN ($= 100\%$) gemessen wurde. Die beobachtete Druckstrebenneigung ($=$ Rissneigung) von $29°$ ist allerdings um 61% größer als der Rechenwert

$$\tan \alpha_r = \frac{0{,}1913 \cdot 446}{100 \cdot 2{,}62} = 0{,}326 \quad \text{bzw.} \quad \alpha_r = 18° \qquad \text{gem. Gl. (4.14)}$$

4.4 Zahlenbeispiel

4.4.1 Bemessung nach Abschnitt 4.2

Lastbeiwerte $\gamma_g = 1{,}35 \quad \gamma_p = 1{,}50$

Widerstandsbeiwerte $\gamma_s = 1{,}15 \quad \gamma_c = 1{,}50$

rechnerische Festigkeiten

– BSt 500/550: $R_s' = 500/1{,}15 = 435$ N/mm²

– B 35: $R_c' = \dfrac{R_c}{\gamma_c} = 0{,}8 \cdot 35 = 18{,}7$ MN/m²

Querschnittsabmessungen $b_o = 30$ cm $\quad h = 90$ cm $\quad z = 80$ cm

Querkraft $\gamma_L \cdot Q = 1{,}35 \cdot 0{,}31 + 1{,}50 \cdot 0{,}22 = 0{,}75$ MN

rechnerische Schubbruchspannung

$$\tau_u = \frac{0{,}75}{0{,}30 \cdot 0{,}80} = 3{,}12 \text{ MN/m}^2 < 0{,}215\, R_c' = 0{,}215 \cdot 18{,}7 = 4{,}02 \text{ MN/m}^2 \quad \text{gem. Gl. (4.1)}$$

Abminderungsbeiwert

$$\eta = \frac{3{,}12}{4{,}02} = 0{,}78 \qquad \text{gem. Gl. (4.19)}$$

erforderliche Stegbewehrung

$$A_{sw} = \eta \frac{\gamma_L \cdot Q}{R_s' \cdot z} = 0{,}78 \cdot \frac{0{,}75}{435 \cdot 0{,}80} = 0{,}00168 \text{ m}^2/\text{m} = 16{,}8 \text{ cm}^2/\text{m} \quad \text{gem. Gl. (4.21)}$$

4.4.2 Bemessung nach DIN 1045 (1988)

Querkraft $Q = 0{,}31 + 0{,}22 = 0{,}53$ MN

Betongüte B 35

Schubspannung $\tau_o = \dfrac{0{,}53}{0{,}30 \cdot 0{,}80} = 2{,}21$ MN/m² $< \tau_{o2} = 2{,}40$ MN/m²

Bemessungswert $\tau = \dfrac{2{,}21^2}{2{,}40} = 2{,}03$ MN/m²

Betonstahl BSt 500: $\sigma_s = 500/1{,}75 = 286$ MN/m²

erforderliche Schubbewehrung

$$A_{sw} = \frac{2{,}03 \cdot 0{,}30}{286} = 0{,}00213 \text{ m}^2/\text{m} = 21{,}3 \text{ cm}^2/\text{m}$$

4.4.3 Bemessung nach EC 2

$V_{Sd} = 1{,}35 \cdot 0{,}31 + 1{,}50 \cdot 0{,}22 = 0{,}75$ MN

Beton C 30/37: $f_{ck} = 30$ MN/m² $\quad f_{cd} = \dfrac{f_{ck}}{\gamma_c} = \dfrac{30}{1{,}5} = 20$ MN/m²

$v = 0{,}7 - \dfrac{30}{200} = 0{,}55 > 0{,}5$

Bemessungswiderstände (Standardverfahren)

$V_{Rd1} = 0{,}28 \cdot 1 \cdot (1{,}2 + 40 \cdot 0{,}01) \cdot 0{,}30 \cdot 0{,}90 = 0{,}121$ MN

$V_{Rd2} = \dfrac{0{,}55}{2} \cdot 20 \cdot 0{,}30 \cdot 0{,}9 \cdot 0{,}90 = 1{,}337$ MN

Betonstahl BSt 500: $f_{yd} = 500/1{,}15 = 435$ MN/m²

erforderliche Schubbewehrung (lotrechte Bügel):

$A_{sw} = \dfrac{0{,}75 - 0{,}121}{435 \cdot 0{,}9 \cdot 0{,}90} = 0{,}00179$ m²/m $= 17{,}9$ cm²/m

4.4.4 Bemessung nach DIN 1045-1 neu

$V_{Sd} = V_{Sd,w} = 0{,}75$ MN
$f_{cd} = 0{,}85 \cdot 30 / 1{,}5 = 17$ MN/m² $\quad$ (C 30/37)
$f_{ywd} = 500 / 1{,}15 = 435$ MN/m² $\quad$ (BSt 500)

$a_{sw} = V_{Sd} / (\cot \vartheta \cdot f_{ywd} \cdot z)$
$\quad \cot \vartheta = 1{,}2 / (1 - V_{Rd,c}/V_{Sd,w})$
$\quad\quad V_{Rd,c} = 0{,}24 \cdot f_{ck}^{1/3} \cdot b_w \cdot z = 0{,}24 \cdot 30^{1/3} \cdot 0{,}30 \cdot 0{,}9 \cdot 0{,}90 = 0{,}181$ MN
$\quad \cot \vartheta = 1{,}2 / (1 - 0{,}238 / 0{,}750) = 1{,}76$
$a_{sw} = 0{,}750 / (1{,}76 \cdot 435 \cdot 0{,}9 \cdot 0{,}90) = 0{,}00121$ m²/m $= 12{,}1$ cm²/m

nach *Herzog*:
$a_{sw} = 16{,}8$ cm²/m

4.4.5 Kommentar

Aus diesem beliebigen Zahlenbeispiel geht hervor, dass die erforderliche Schubbewehrung in Form lotrechter Bügel je nach dem gewählten Bemessungsverfahren
– Abschnitt 4.2: $\quad$ 16,8 cm²/m (= 100 %)
– DIN 1045: $\quad$ 21,3 cm²/m (= 127 %)
– EC 2 (Standard): $\quad$ 17,9 cm²/m (= 107 %)
– DIN 1045-1 neu: $\quad$ 13,5 cm²/m (= 80 %)
verschieden groß ausfällt, obwohl in allen vier Fällen mit den gleichen Teilsicherheitsbeiwerten gerechnet wurde.

Kommentar: Nach EC 2 ist bei Verfahren mit variabler Druckstrebenneigung und Wahl von $\cot \vartheta = 1{,}75$ das Ergebnis mit 12,2 cm²/m noch etwas günstiger als nach DIN 1045-1 neu.

4.5 Folgerungen

Aus den Versuchsnachrechnungen folgt, dass die Schubbemessung gemäß Abschnitt 4.2 mit den Versuchsergebnissen gut übereinstimmt. Das Zahlenbeispiel zeigt, dass die übliche Bemessung nach DIN 1045 (1988) oder EC 2 (Standard) einen nicht unerheblichen Teil der Schubtragfähigkeit ungenutzt lässt.

Literatur

[4.1] Ritter, W.: Die Bauweise Hennebique. Schweiz. Bauzeitung 33 (1899) S. 41-43, 49-52 und 59-61
[4.2] Mörsch, E.: Der Eisenbetonbau, 2. Aufl. Wittwer, Stuttgart 1908
[4.3] Bach, C. und Graf, O.: Versuche mit Eisenbetonbalken zur Ermittlung der Widerstandsfähigkeit verschiedener Bewehrung gegen Schubkräfte. Erster Teil. Deutscher Ausschuss für Eisenbeton, Heft 10. Ernst & Sohn, Berlin 1911
[4.4] Bach, C. und Graf, O.: Versuche mit Eisenbetonbalken zur Ermittlung der Widerstandsfähigkeit verschiedener Bewehrung gegen Schubkräfte. Zweiter Teil. Deutscher Ausschuss für Eisenbeton, Heft 12. Ernst & Sohn, Berlin 1911
[4.5] Bach, C. und Graf, O.: Versuche mit Eisenbetonbalken zur Ermittlung der Widerstandsfähigkeit verschiedener Bewehrung gegen Schubkräfte. Dritter Teil. Deutscher Ausschuss für Eisenbeton, Heft 20. Ernst & Sohn, Berlin 1912
[4.6] Bach, C. und Graf, O.: Versuche mit Eisenbetonbalken zur Ermittlung der Widerstandsfähigkeit verschiedener Bewehrung gegen Schubkräfte. Vierter Teil. Deutscher Ausschuss für Eisenbeton, Heft 48. Ernst & Sohn, Berlin 1921
[4.7] Saliger, R.: Der Stahlbetonbau, 7. Aufl. Deuticke, Wien 1949
[4.8] Walther, R.: Über die Beanspruchung der Schubarmierung von Eisenbetonbalken. Schweiz. Bauzeitung 74 (1956) S. 8-12, 23-27 und 34-37
[4.9] Walther, R.: The ultimate strength of prestressed and conventionally reinforced concrete under the combined action of moment and shear. Lehigh University, Fritz Engg. Laboratory, Report 233.17, October 1957
[4.10] Leonhardt, F.: Die verminderte Schubdeckung bei Stahlbeton-Tragwerken. Bauingenieur 40 (1965) S. 1-15
[4.11] Kani, G.N.J.: The riddle of shear failure and its solution. ACI Journal 61 (1964) S. 441-467
[4.12] Mains, R.M.: Measurement of the distribution of tensile and bond stresses along reinforcing bars. ACI Journal 48 (1951/52) S. 225-252
[4.13] Guralnick, S.A.: Shear strength of reinforced concrete beams. Proc. ASCE 85 (1959) ST 1, Paper 1909, S. 1-42
[4.14] Herzog, M.: Die erforderliche Bügelbewehrung von Stahlbeton- und Spannbetonbalken. Beton- & Stahlbetonbau 77 (1982) S. 203-209
[4.15] Moosecker, W.: Zur Bemessung der Schubbewehrung von Stahlbetonbalken mit möglichst gleichmäßiger Zuverlässigkeit. Deutscher Ausschuss für Stahlbeton, Heft 307. Ernst & Sohn, Berlin 1979
[4.16] Herzog, M.: Die mögliche Verminderung der Schubdeckung von Stahlbetonbalken nach Versuchen. Beton- & Stahlbetonbau 88 (1993) S. 222
[4.17] Döhring, H.J.: Schub- und Biegeversuch an einem vorgespannten Einhängeträger der Second Mainland Bridge, Lagos, Nigeria. Julius Berger AG, Wiesbaden 1967
[4.18] Kordina, K., Hegger, J. und Teutsch, M.: Anwendung der Vorspannung ohne Verbund. Deutscher Ausschuss für Stahlbeton, Heft 355. Ernst & Sohn, Berlin 1984

5 Torsion

5.1 Geschichtliche Entwicklung

1912 führten *C. Bach* und *O. Graf* [5.1] die ersten Torsionsversuche mit Quadrat- und Rechteckquerschnitten aus. 1922 unternahmen *O. Graf* und *E. Mörsch* [5.2] zusätzliche Torsionsversuche mit Kreisvoll- und Kreisringquerschnitten. 1929 stellte *E. Rausch* [5.3] die erste Theorie zur Berechnung tordierter Eisenbetonquerschnitte vor. Er gab die Tragfähigkeit infolge reiner Torsion (Bilder 5.1 und 5.2) zu

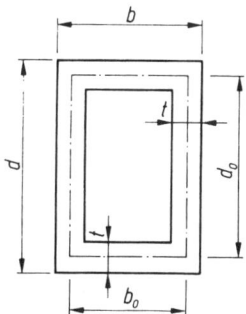

Bild 5.1: Rechteck-Hohlkastenquerschnitt mit Bezeichnungen

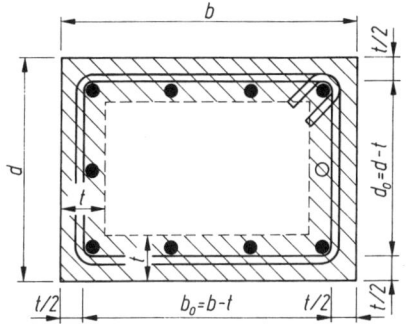

Bild 5.2: Auf Torsion mitwirkender Randbereich eines einlagig verbügelten Rechteckquerschnitts

$$T_o = 2 A_{sw} R_{sw} A_o \tag{5.1}$$

– gültig im Bereich $\mu_w R_{sw}/R_c \leq 0{,}33$ – an, wobei

$$A_o = (b - t)(d - t) \tag{5.2}$$

den so genannten Kernquerschnitt innerhalb der Verbügelung bezeichnet. Das Bemessungsverfahren von *Rausch* beruht auf der bekannten Fachwerkanalogie von *Mörsch* mit unter 45° geneigten Druckstreben.

Obwohl *H.J. Cowan* in seinem Buch [5.4] über die Torsion von Stahlbeton und Spannbeton aus dem Jahr 1965 bereits 186 Literaturstellen zum Thema nennt, hat sich an der Berechnung nach *Rausch* bis dahin nichts Grundsätzliches geändert. Erst 1968 weisen *P. Lampert* und *B. Thürlimann* [5.5] aufgrund ihrer neuen Versuche darauf hin, dass das

Verhältnis der unterschiedlichen Fließkräfte der Längs- und Bügelbewehrung mit dem Multiplikator

$$K = \frac{A_s R_s}{A_{sw} R_{sw}} \qquad (5.3)$$

berücksichtigt werden muss. Die Gl. (5.1) lautet dann in ihrer ergänzten Form

$$T_{o(50\%)} = 2\, A_{sw} R_{sw} A_o \sqrt{K} \qquad (5.4)$$

Zur Berechnung kombinierter Beanspruchungen – wie Torsion mit Normalkraft (Vorspannung), Torsion mit Biegung oder Torsion mit Biegung und Querkraft – setzten *B. Thürlimann* und seine Mitarbeiter an der ETH Zürich die Plastizitätstheorie ein [5.5], [5.6].

5.2 Wirklichkeitsnahes Bemessungsverfahren

5.2.1 Reine Torsion

Aus 11 neueren Versuchen unter reiner Torsion in Zürich ([5.7] bis [5.9]) und 41 in Stuttgart ([5.10] und [5.11]) ergibt sich nach der Untersuchung von *M. Herzog* [5.12] aus dem Jahr 1991 eine sehr gute Übereinstimmung des *Mittelwerts* (= 50%-Fraktile) der Versuchsergebnisse mit der Gl. (5.4). Aus Bild 5.3 folgt, dass die für die Bemessung maßgebende *untere Schranke* (= 5%-Fraktile) der Versuchsergebnisse $\frac{5}{6}$ = 83 % des Rechenwerts gemäß Gl. (5.4) beträgt

$$\boxed{T_{o(5\%)} = \frac{5}{3} A_{sw} R_{sw} A_o \sqrt{K}} \qquad (5.5)$$

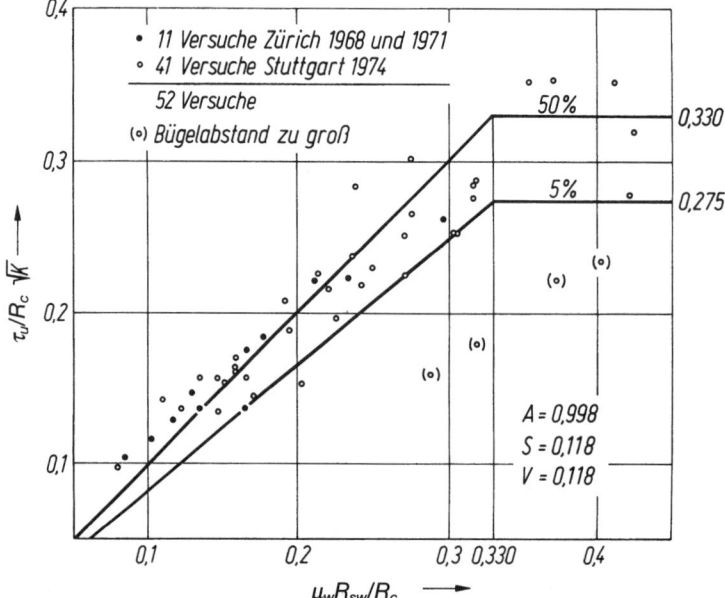

Bild 5.3: Versuche unter reiner Torsion in dimensionsloser Darstellung nach M. Herzog (1991)

Sowohl die Stuttgarter als auch die Züricher Torsionsversuche zeigen eindeutig, dass es im Gegensatz zur Querkraftbeanspruchung von Trägerstegen (vgl. Abschnitt 4) keine Bereiche gibt, in denen die theoretische Tragfähigkeit gemäß Gl. (5.4) überschritten wird.

5.2.2 Torsion mit Normalkraft

Im Fall kombinierter Beanspruchungen kann die Tragfähigkeit infolge reiner Torsion im Allgemeinen nicht erreicht werden. Sie beträgt bei Torsion mit Normalkraft (Vorspannung) gemäß dem einzigen Züricher Versuch T9 [5.9] nach *M. Herzog* [5.12]

$$\boxed{\left(\frac{T}{T_o}\right)^2 + \left(\frac{N}{N_o}\right)^2 = 1} \tag{5.6}$$

wenn

$$N_o = A_s R_s + A_c R_c \tag{5.7}$$

die axiale Tragfähigkeit auf Druck und

$$N_o = A_s R_s \tag{5.8}$$

diejenige auf Zug bedeutet.

5.2.3 Torsion mit Biegung

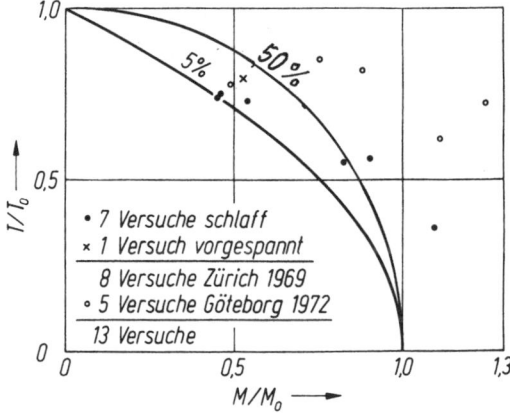

Bild 5.4: Versuche unter Torsion mit Biegung in dimensionsloser Darstellung nach *M. Herzog* (1991)

Erwartungsgemäß wird die Torsionsfestigkeit eines verbügelten Stahlbetonstabs durch ein gleichzeitig wirkendes Biegemoment abgemindert. Bedeuten T_o die Tragfähigkeit infolge reiner Torsion gemäß Gl. (5.4) und

$$M_o = A_s R_s h \left(1 - \frac{9}{16} \mu R_s / R_c\right) \leq 0{,}375 \, R_c b h^2 \tag{5.9}$$

die Tragfähigkeit infolge reiner Biegung gemäß Gl. (3.16), so kann, wie die Nachrechnung der fünf Göteborger und acht Züricher Torsions-Biegeversuche ([5.8], [5.13]) gezeigt hat, diese Abminderung mit den Interaktionsgleichungen von *M. Herzog*

$$\left(\frac{T}{T_o}\right)^2 + \left(\frac{M}{M_o}\right)^2 = 1 \tag{5.10}$$

als 50%- bzw.

$$\boxed{\left(\frac{T}{T_o}\right)^2 + \frac{M}{M_o} = 1} \tag{5.11}$$

als 5%-Fraktile der Versuchsergebnisse erfasst werden (Bild 5.4).

5.2.4 Torsion mit Biegung und Querkraft

In der Praxis kommt der Fall Torsion mit Biegung allein kaum vor. Meist tritt gleichzeitig auch eine Querkraft auf. Da zwischen Biegemoment und Querkraft – zumindest näherungsweise – keine Interaktion beobachtet wird, kann die gegenseitige Beeinflussung von *Torsion und Querkraft* nach M. Herzog [5.12] mit der dimensionslosen Interaktionsgleichung

$$\boxed{\frac{T}{T_o} + \frac{Q}{Q_o} = 1} \tag{5.12}$$

zutreffend erfasst werden (Bild 5.5). Die Tragfähigkeit verbügelter Stahlbeton-Kastenträger infolge Querkraft allein

$$Q_o = 2\, t_w h \tau_u \tag{5.13}$$

wird zutreffend mit den dimensionslosen Gleichungen (4.10a) für die 50%-Fraktile bzw. (4.11a) für die 5%-Fraktile der Schubbruchspannung in Rechnung gestellt.

Die Nachrechnung der sechs Versuche in Göteborg [5.13] und acht Versuche in Zürich [5.14] mit schlaff bewehrten Kastenträgern aus Normalbeton sowie der zwei Versuche in Braunschweig [5.16] mit ebensolchen Trägern aus Leichtbeton sowie der zwei Versuche in Stuttgart [5.11] und drei Versuche in Braunschweig [5.15] mit vorgespannten Kastenträgern aus Normalbeton als auch der zwei Versuche in Braunschweig [5.16] mit ebensolchen Trägern aus Leichtbeton zeigt (Bild 5.5), dass die Interaktionsgleichung (5.12) das *durchschnittliche* Verhalten der Versuchsbalken (= 50%-Fraktile) zutreffend beschreibt.

Die für die Bemessung maßgebende *untere Schranke* (= 5%-Fraktile) der Versuchsergebnisse wird mit der abgeminderten Interaktionsgleichung [5.12]

$$\frac{T}{T_o} + \frac{Q}{Q_o} = 0{,}83 \tag{5.14}$$

wirklichkeitsnah beschrieben (Bild 5.5).

Bei der Bemessung auf Torsion, Biegung und Schub muss allerdings stets geprüft werden, welche der beiden Interaktionsgleichungen – Gl. (5.10) oder Gl. (5.12) – maßgebend ist. Bei den Braunschweiger Versuchen mit Kastenträgern [5.15] und [5.16] war in zwei Dritteln der Fälle die Gl. (5.10) maßgebend und nur in einem Drittel die Gl. (5.12). Auch die Fälle des Versagens auf schrägen Druck in den Kastenstegen konnten mit der Gl. (4.13a) treffsicher ermittelt werden.

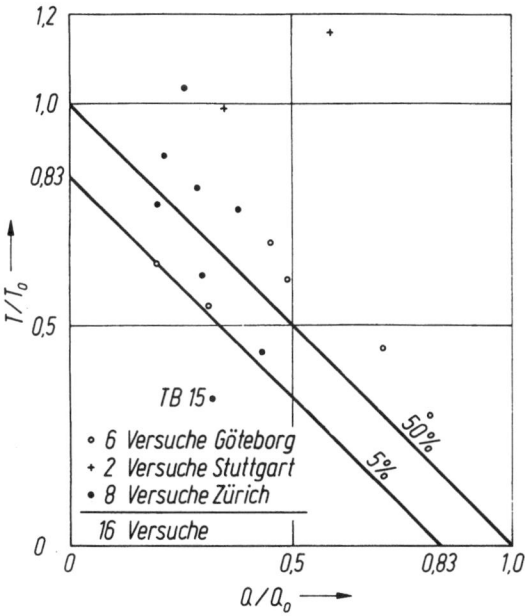

Bild 5.5: *Versuche unter Torsion mit Biegung und Querkraft in dimensionsloser Darstellung nach M. Herzog (1991)*

Versuch		T/T_o	M/M_o	Q/Q_o	Gl. (5.10)	Gl. (5.12)
STQ	6/I	0,37	0,84	0,32	0,96	(0,69)
	6/II	0,51	0,84	–	1,10	(0,51)
	7/II	0,43	0,74	0,47	0,93	(0,90)
	8/II	0,26	0,97	0,53	(1,04)	1,15
LBTMQ	4/2	0,42	1,14	0,18	1,32	(0,60)
	5/1	0,39	0,80	0,27	0,95	(0,66)
	5/2	0,53	0,80	–	1,08	(0,53)
	6/1	0,73	0,11	0,06	(0,64)	0,79
	6/2	0,28	0,65	0,56	(0,73)	0,84

Torsion

5.3 Versuchsnachrechnungen

Es werden die beiden Bruchversuche nachgerechnet, die 1963/64 aus Anlass des 75-jährigen Bestehens der Beton- & Monierbau AG am Otto-Graf-Institut in Stuttgart an zwei Spannbeton-Kastenträgern ausgeführt wurden [5.11]. Die Abmessungen der beiden Versuchsträger können dem Bild 5.6 entnommen werden. Die kreuzweise Bewehrung beider Träger (Bild 5.7) war verschieden:

a)

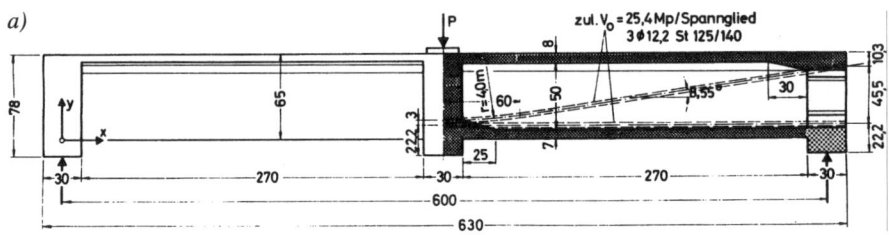

b)

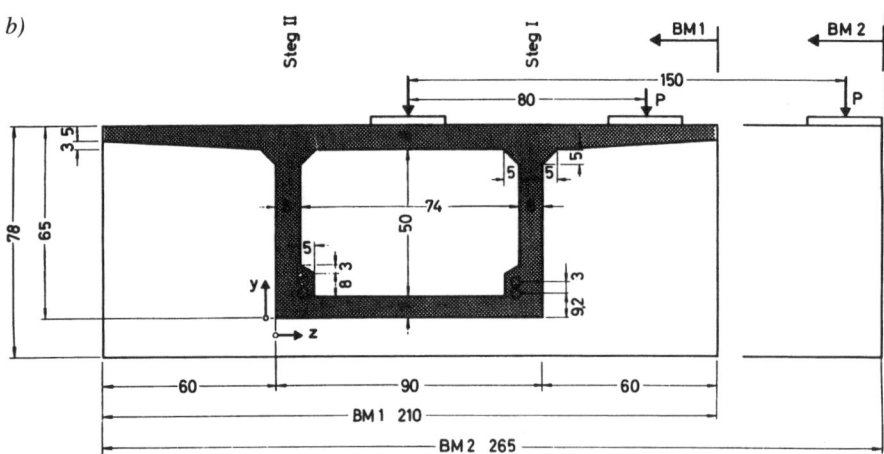

Bild 5.6: *Die Stuttgarter Versuchsträger BM 1 und BM 2: a) Ansicht und Längsschnitt, b) Querschnitt mit Mittelquerträger*

Bauteil	BM 1	BM 2
Kastendecke	2 Ø 6, a = 10 cm	2 Ø 6, a = 10 cm
Stege	2 Ø 6, a = 10 cm	2 Ø 8, a = 6,5 cm
Kastenboden	2 Ø 6, a = 10 cm	2 Ø 8, a = 7,5 cm
Prismendruckfestigkeit	R_c = 23,0 MN/m^2	R_c = 28,0 MN/m^2
Nutzlast beim Bruch	P_u = 699 kN	P_u = 562 kN
Lastausmitte	e = 80 cm	e = 150 cm

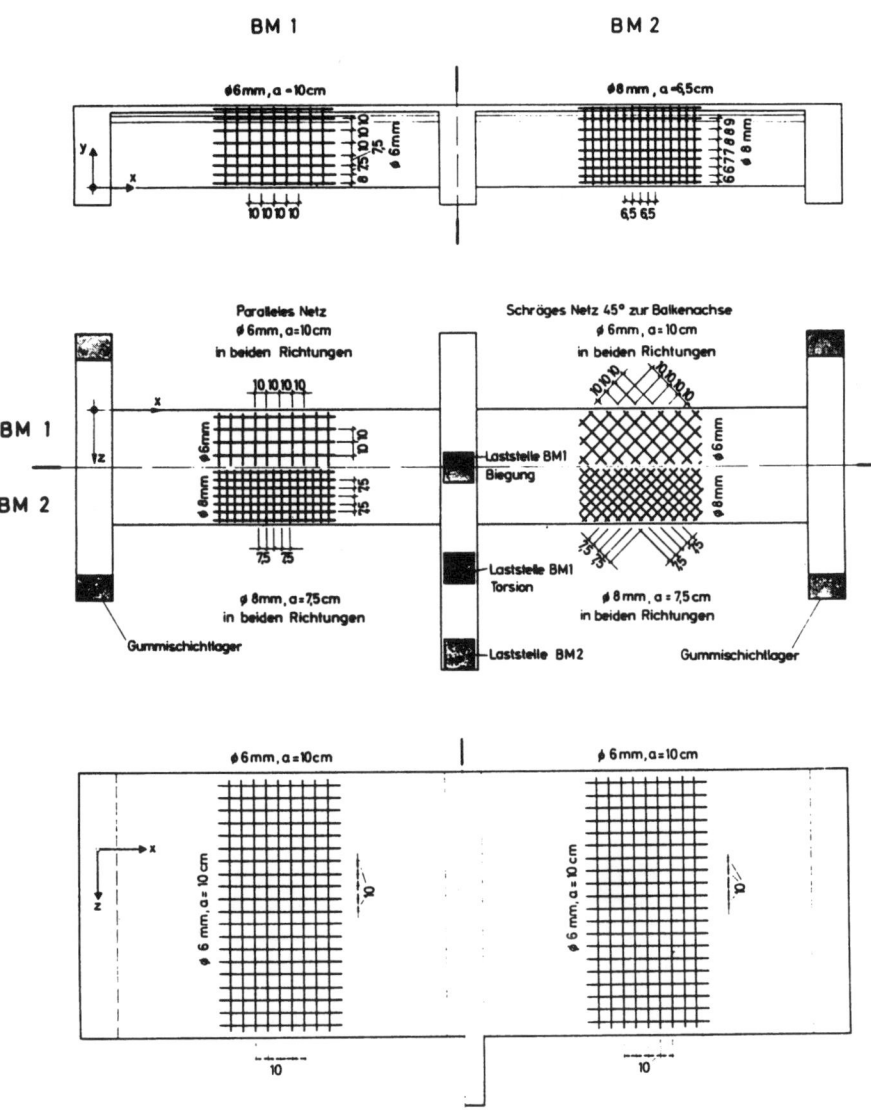

Bild 5.7: Die Stuttgarter Versuchsträger BM 1 und BM 2: Bewehrung der Stege und der Kastendecke

Die Stahlfestigkeiten der Bewehrung betrugen:

Stabdurchmesser	$R_{0,2}$	R_u
6	470	570 N/mm²
8	455	570 N/mm²
12,2	1250	1460 N/mm²

Torsion

Die in ihren Einzelheiten hier nicht wiedergegebene Nachrechnung lieferte folgende Werte:

		BM 1	BM 2
Eigenlast		M_g = 48,3 kNm	
		Q_g = 32,8 kN	
Nutzlast beim Bruch		P_u = 699	562 kN
Schnittgrößen		M_{g+P} = 1097	891 kNm
		Q_{g+P+v} = 302	233 kN
		$T_{P/2}$ = 280	422 kNm
		N_v = −1081	−1081 kN
Bezugsgrößen		M_o = 1053	1238 kNm
		Q_o = 654	1733 kN
		T_o = 251	269 kNm
		N_o = −9627	−13 788 kN
Verhältniswerte		$\dfrac{M_{g+P}}{M_o}$ = 1,042	0,720
für tan α_r = 1:		$\dfrac{Q_{g+P+v}}{Q_o}$ = 0,462	0,135
		$\dfrac{T_{P/2}}{T_o}$ = 1,114	1,565
		$\dfrac{N_v}{N_o}$ = 0,112	0,079
Interaktion gemäß Gl. (5.6)		1,255	2,454
Gl. (5.10)		2,284	3,168
Gl. (5.12)		1,576	1,700

Weil alle Interaktionswerte größer als eins ausfallen, war der eingetretene Bruch beider Versuchsträger auch rechnerisch zu erwarten gewesen.

5.4 Vereinfachte Bemessung auf Torsion

Wird das Torsionsmoment elementar auf die vier Wände des Kastenquerschnitts (zwei Stege, Decke und Boden) aufgeteilt

$$\text{BM 1:} \quad \Delta Q_T = \frac{T/4}{a} = \pm \frac{140}{0{,}82} = \pm 171 \text{ kN} \qquad (5.15)$$

$$\text{BM 2:} \qquad \pm \frac{211}{0{,}82} = \pm 257 \text{ kN,}$$

so betragen die resultierenden Querkräfte der Kastenstege und die rechnerischen Schubbruchspannungen:

	BM 1	BM 2	gem. Gl.
$Q_{g+P+v}/2 + \Delta Q_T =$	322	374 kN	(5.15)
$\tau_u = \dfrac{Q_{g+P+v}/2 + \Delta Q_T}{t_w h} =$	7,42	8,61 MN/m²	(4.1)
$\tau_u/R_c =$	0,323 > 0,283	0,308 > 0,283	
$\gamma = 0,283\ R_c/\tau_u =$	0,88 < 1	0,92 < 1	(4.13a)

Gemäß Gl. (4.13a) liegen beide Versuchsträger im überbewehrten Bereich. Die ausgewiesenen Schubbruchsicherheiten $\gamma < 1$ zeigen, dass ein Versagen der lastnahen Kastenstege auf schrägen Druck zu erwarten war.

5.5 Bemessungsbeispiel

Der Kastenträger der zweigleisigen Eisenbahnbrücke über die Aare in Ruppoldingen bei Olten unter der Hauptstrecke Zürich – Bern der Schweizerischen Bundesbahnen [5.17] mit einer täglichen Frequenz von 300 Zügen wird beim Befahren nur eines Gleises auf Biegung mit Querkraft und Torsion beansprucht. In der Hauptöffnung von 80 m nehmen die maßgebenden Schnittgrößen für den Kastenquerschnitt neben dem nördlichen Flusspfeiler (Bild 5.8) die folgenden Werte an.

Lastfall	q MN/m	M MNm	Q MN	T MNm	N MN	γ_L
g	0,39	−220	−15,6	0	0	1,35
$(1+\varphi)\dfrac{p}{2}$	0,12	− 78	− 5,2	9,9	0	1,50
V_o	−0,47	207 + 58	0,4	0	−101	1,00
$V_\infty = 0,86\ V_o$	−0,40	178 + 50	0,3	0	− 87	1,00

5.5.1 Eingangswerte

$\gamma_s = 1,15 \quad \gamma_c = 1,50 \quad$ B 50: $R'_c = \dfrac{0,80 \cdot 50}{1,50} = 26,7$ MN/m²

$R'_s = \dfrac{460}{1,15} = 400$ N/mm²

Spannlitzen St 1570/1770: $R'_{su} = \dfrac{1570 + \dfrac{200}{4}}{1,15} = \dfrac{1620}{1,15} = 1409$ N/mm² gem. Gl. (3.14)

$A_{sw} = 40,7$ cm²/m $\quad \mu_w \dfrac{R'_{sw}}{R'_c} = \dfrac{40,7}{70 \cdot 100} \cdot \dfrac{400}{26,7} = 0,0871$

$K = \dfrac{A_s R'_{su}}{A_{sw} U R'_{sw}} = \dfrac{872 \cdot 1409 + 537 \cdot 400}{40,7\,(4 \cdot 4,50) \cdot 400} = 4,926$ \hfill gem. Gl. (5.3)

Torsion

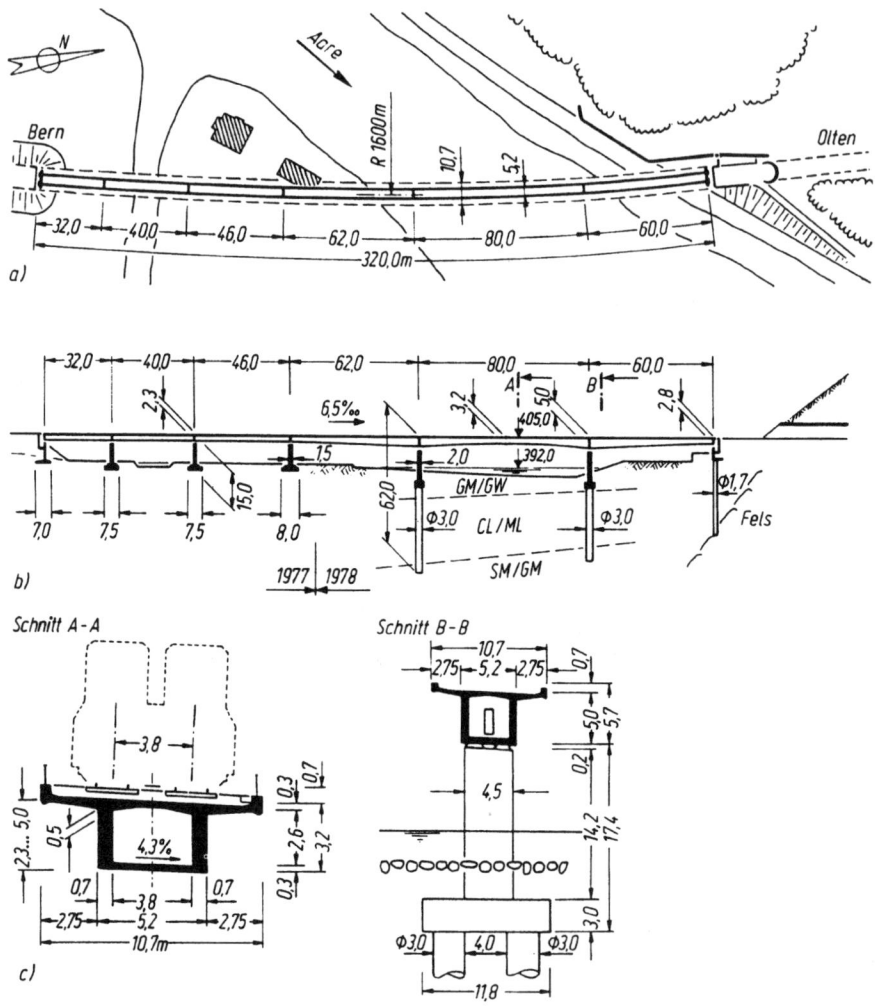

Bild 5.8: Die Aarebrücke Ruppoldingen der Schweizerischen Bundesbahnen: a) Grundriss, b) Längsschnitt und c) Querschnitte

Torsion (5%-Fraktile) $\dfrac{\tau_u}{R'_c\sqrt{K}} = 0{,}83 \cdot 0{,}0871 = 0{,}0723$ gem. Gl. (5.5)

$A_K = b_K d_K = (b - d_{St})\left(d - \dfrac{d_o + d_u}{2}\right)$

$= (5{,}20 - 0{,}70)\left(5{,}00 - \dfrac{0{,}30 + 0{,}70}{2}\right) = 4{,}50^2 = 20{,}25 \text{ m}^2$

$\dfrac{T_o}{\gamma_R} = 2\, t A_K \tau_u = (2 \cdot 0{,}70 \cdot 20{,}25)(0{,}0723 \sqrt{4{,}926} \cdot 26{,}7) = 121{,}5 \text{ MNm}$ (5.16)

Schub (5%-Fraktile) $\dfrac{\tau_u}{R'_c} = \dfrac{5 \cdot 0{,}0871}{2 + 14 \cdot 0{,}0871} = 0{,}1353$ gem. Gl. (4.11a)

$\dfrac{Q_o}{\gamma_R} = (2 \cdot 0{,}70 \cdot 4{,}80)(0{,}1353 \cdot 26{,}7) = 6{,}72 \cdot 3{,}61 = 24{,}26 \text{ MN}$ gem. Gl. (5.13)

Voutenneigung $\dfrac{\gamma_L M}{\gamma_R h} \cdot \tan \alpha = \dfrac{1{,}35 \cdot 220 + 1{,}50 \cdot 78}{1{,}15 \cdot 4{,}80} \cdot 0{,}090 = 6{,}75 \text{ MN}$ (5.17)

Spanngliedneigung $\dfrac{V_\infty}{\gamma_R} \cdot \sin \alpha_z = \dfrac{87}{1{,}15} \cdot 0{,}164 = 12{,}41 \text{ MN}$ gem. Gl. (4.17)

Biegung (5%-Fraktile)

$A_s R'_{su} = 0{,}0872 \cdot 1409 + 0{,}0537 \cdot 400 = 122{,}9 + 21{,}5 = 144{,}4 \text{ MN}$

$\mu \dfrac{R'_{su}}{R'_c} = \dfrac{144{,}4}{5{,}20 \cdot 4{,}80 \cdot 26{,}7} = 0{,}217$

$\dfrac{M_o}{\gamma_R} = 144{,}4 \cdot 4{,}80 \left(1 - \dfrac{9}{16} \cdot 0{,}217\right) = 609 \text{ MNm}$ gem. Gl. (3.17)

5.5.2 Interaktion

Torsion mit Biegung

$\gamma_L \gamma_R \left[\left(\dfrac{T}{T_o}\right)^2 + \left(\dfrac{M}{M_o}\right)^2\right] = \left(\dfrac{1{,}50 \cdot 9{,}9}{121{,}5}\right)^2 + \left(\dfrac{1{,}35 \cdot 220 + 1{,}50 \cdot 78}{609}\right)^2$ gem. Gl. (5.10)

$= 0{,}015 + 0{,}462 = 0{,}477 < 1$

Torsion mit Schub

$\gamma_L \gamma_R \left(\dfrac{T}{T_o} + \dfrac{Q}{Q_o}\right) = \dfrac{1{,}50 \cdot 9{,}9}{121{,}5} + \dfrac{1{,}35 \cdot 15{,}6 + 1{,}50 \cdot 5{,}2 - 6{,}75 - 12{,}41}{24{,}26}$ gem. Gl. (5.12)

$= 0{,}122 + 0{,}400 = 0{,}522 < 1$

In diesem Fall aus der Praxis ist die Interaktion von Torsion mit Querkraft für die Bemessung maßgebend.

5.5.3 Verkehrslast auf beiden Gleisen

$\gamma_L \gamma_R \dfrac{Q}{Q_o} = 0{,}400 < \gamma_L \gamma_R \left(\dfrac{T}{T_o} + \dfrac{Q}{Q_o}\right) = 0{,}522$ (5.18)

Dieses Ergebnis war unschwer vorauszusehen, weil die beiden Gleisachsen (Abstand 3,80 m) innerhalb der Kastenstegachsen (Abstand 4,50 m) liegen.

5.5.4 Kommentar

Es spielt für die Bemessung nur eine untergeordnete Rolle, ob die Bezugstragfähigkeiten infolge reiner Torsion und reiner Querkraft als 50%-Fraktilen ermittelt und anschließend mit der Interaktionsgleichung (5.14) abgemindert werden oder ob die Bezugstragfähigkeiten als 5%-Fraktilen bestimmt und die vorhandene Tragsicherheit mit der Gl. (5.12) nachgewiesen wird. Der letztgenannte Vorgang ist der Regelung, welche die Stegbewehrung für Torsion und Querkraft unabhängig voneinander ermittelt und anschließend addiert, gleichwertig.

5.6 Folgerungen

Die Auswertung von 95 Torsionsversuchen mit großen Torsionsstäben, die in Braunschweig, Göteborg, Stuttgart und Zürich ausgeführt wurden, lässt folgende Schlüsse zu.

a) Wegen der verhältnismäßig großen Streuung der Versuchsergebnisse beträgt die für die Bemessung auf *reine* Torsion maßgebende 5%-Fraktile (= untere Schranke) nur 83 % des Rechenwerts mit der altbekannten Formel von *E. Rausch* (1929), die jedoch zur Erfassung des Einflusses der Längsbewehrung mit einem multiplikativen Glied ergänzt werden muss.

b) Kombinierte Beanspruchungen von Torsion, Biegung, Schub und Normalkraft können mit ganz einfachen Interaktionsgleichungen wirklichkeitsnah erfasst werden.

c) Die alte Regel, nach der die Stegbewehrung infolge Querkraft und Torsionsmoment unabhängig voneinander zu ermitteln und anschließend zu addieren ist, wird von den Versuchsergebnissen bestätigt.

d) Zur Berücksichtigung der bei den Versuchen beobachteten Streuung der Ergebnisse ist bei der Bemessung der vorgeschriebene Sicherheitsabstand nicht gegen die 50%-Fraktile (Mittelwert) der Versuchsergebnisse einzuhalten, sondern gegen die 5%-Fraktile (untere Schranke). Das hat eine weniger hohe Baustoffausnützung zur Folge, als bisher auf Torsion üblich war.

Literatur

[5.1] Bach, C. und Graf, O.: Versuche über die Widerstandsfähigkeit von Beton und Eisenbeton gegen Verdrehung. Deutscher Ausschuss für Eisenbeton, Heft 16. Ernst & Sohn, Berlin 1912
[5.2] Graf, O. und Mörsch, E.: Verdrehungsversuche zur Klärung der Schubfestigkeit des Eisenbetons. Forschungsarb. a.d. Gebiete d. Ingenieurwesens, Heft 258. VDI-Verlag, Berlin 1922
[5.3] Rausch, E.: Berechnung des Eisenbetons gegen Verdrehung und Abscheren. Diss. TH Berlin 1929 (3. Aufl. VDI-Verlag, Düsseldorf 1953)
[5.4] Cowan, H.J.: Reinforced and prestressed concrete in torsion. Arnold, London 1965
[5.5] Lampert, P.: Bruchwiderstand von Stahlbetonbalken unter Torsion und Biegung. Diss. Nr. 4445, ETH Zürich, 1970
[5.6] Thürlimann, B. und Lüchinger, P.: Steifigkeit von gerissenen Stahlbetonbalken unter Torsion und Biegung. Beton & Stahlbetonbau 68 (1973) S. 146-152
[5.7] Lampert, P. und Thürlimann, B.: Torsionsversuche an Stahlbetonbalken. Bericht 6506-2 d. Instituts f. Baustatik & Konstruktion a.d. ETH Zürich, Juni 1968
[5.8] Lampert, P. und Thürlimann, B.: Torsions-Biege-Versuche an Stahlbetonbalken. Bericht 6506-3 d. IBK a.d. ETH Zürich, Januar 1969
[5.9] Lampert, P., Lüchinger, P. und Thürlimann, B.: Torsionsversuche an Stahl- und Spannbetonbalken. Bericht 6506-4 d. IBK a.d. ETH Zürich, Februar 1971
[5.10] Leonhardt, F. und Schelling, G.: Torsionsversuche an Stahlbetonbalken. Deutscher Ausschuss für Stahlbeton, Heft 239. Ernst & Sohn, Berlin 1974
[5.11] Leonhardt, F., Walther, R. und Vogler, O.: Torsions- und Schubversuche an vorgespannten Hohlkastenträgern. Deutscher Ausschuss für Stahlbeton, Heft 202, Ernst & Sohn, Berlin 1968
[5.12] Herzog, M.: Die Bemessung torsionsbeanspruchter Stahlbetonstäbe im Vergleich mit Versuchsergebnissen. Beton- & Stahlbetonbau 86 (1991) S. 135-139
[5.13] Elfgren, L.: Reinforced concrete beams loaded in combined torsion, bending and shear. Publication 71:3, Division of Concrete Structures, Chalmers Tekniska Högskola, Göteborg 1972
[5.14] Lüchinger, P. und Thürlimann, B.: Versuche an Stahlbetonbalken unter Torsion, Biegung und Querkraft. Bericht 6506-5 d. IBK a.d. ETH Zürich, Juli 1973
[5.15] Teutsch, M. und Kordina, K.: Versuche an Spannbetonbalken unter kombinierter Beanspruchung aus Biegung, Querkraft und Torsion. Deutscher Ausschuss für Stahlbeton, Heft 334. Ernst & Sohn, Berlin 1982
[5.16] Kordina, K. und Teutsch, M.: Versuche an Konstruktionsleichtbetonbauteilen unter kombinierter Beanspruchung aus Torsion, Biegung und Querkraft. Deutscher Ausschuss für Stahlbeton, Heft 362. Ernst & Sohn, Berlin 1985
[5.17] Herzog, M.: Die Aarebrücke Ruppoldingen der Schweizerischen Bundesbahnen. Beton- & Stahlbetonbau 75 (1980) S. 186-191

6 Durchstanzen

6.1 Geschichtliche Entwicklung

Bereits 1913 hatte *A.N. Talbot* [6.1] erkannt, dass die Biegezugbewehrung der Hauptparameter der Durchstanzfestigkeit von Stahlbetonplatten ist. Er berechnete die Schubspannung mit der Seitenlänge s des Stützenquerschnitts zu (Bild 6.1)

$$\tau = \frac{N}{4\,(s+2h)\,z} \tag{6.1}$$

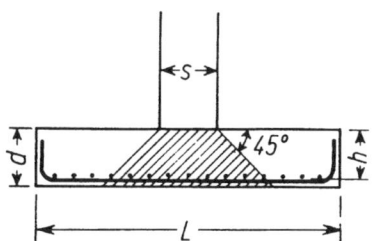

Bild 6.1: *Stützenfundament mit Bezeichnungen*

1933 berichtete *O. Graf* [6.2] über Schubversuche an drei Platten mit Einzellasten in Auflagernähe und berechnete die Schubspannung mit der Plattendicke d zu

$$\tau = \frac{N}{4\,sd} \tag{6.2}$$

1936 stellte *W.H. Wheeler* [6.3] die ihm seit 1930 patentierten Schubkreuze aus Walzprofilen zur Vergrößerung des Durchstanzwiderstands von Flachdecken vor.

1938 berichtete wiederum *O. Graf* [6.4] über seine Durchstanzversuche mit acht dicken Platten, deren sechs eine Schubbewehrung aus abgebogenen Stäben besaßen. Die rechnerische Tragfähigkeit der Schubbewehrung nach dem Fachwerkmodell von *E. Mörsch* [4.2]

$$N_s = \frac{A_{sw} R_{sw}}{\sin \alpha} \tag{6.3}$$

fiel im Durchschnitt gleich groß aus wie die gemessene. Zieht man jedoch die gemessene Traglast ohne Schubbewehrung N_o von derjenigen mit Schubbewehrung N_u ab, so ist die eingelegte Schubbewehrung nicht voll wirksam:

$$\boxed{N_u = N_o + \eta N_s} \tag{6.4}$$

Der Wirkungsgrad der Aufbiegungen betrug durchschnittlich nur
$\eta = 0{,}40 < 1$.

1960 legten *S. Kinnunen* und *H. Nylander* [6.5] ihren Bericht über Durchstanzversuche an 61 Kreisplatten ohne Schubbewehrung vor. Die Biegezugbewehrung war entweder ringförmig und radial oder kreuzweise angeordnet. Zur Bemessung schlugen sie ein

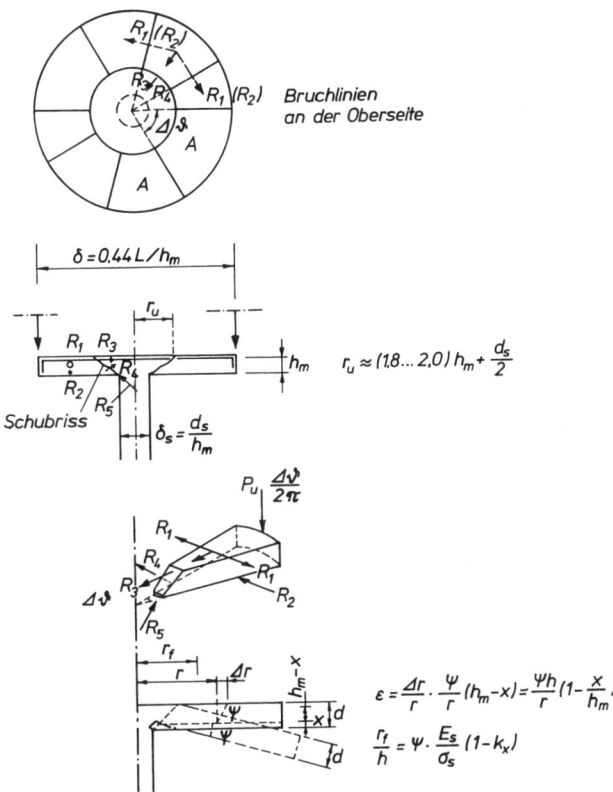

Bild 6.2: Durchstanzmodell von S. Kinnunen und H. Nylander (1960)

zwar anschauliches, aber schwierig auszuwertendes Tragmodell (Bild 6.2) vor, für dessen Anwendung Tabellen [6.6], [6.7] erforderlich sind. 1963 berichtete *J.L. Andersson* [6.8] über seine Durchstanzversuche mit 28 Kreisplatten, deren Biegezugbewehrung entweder nur ringförmig oder kreuzweise angeordnet war und deren Schubbewehrung entweder aus radial abgebogenen Stäben oder aus vertikalen bzw. schrägen Bügeln bestand. Aufgrund seiner Versuche machte er Vorschläge zur Anordnung der Schubbewehrung (Bild 6.3), welche er für 70 % der Stützenlast auslegte.

1966 teilte *D. Yitzhaki* [6.9] eine auf der Biegezugbewehrung als Hauptparameter (vgl. [6.1]) beruhende halbempirische Auswertung von 28 Durchstanzversuchen (davon 12 mit einer Schubbewehrung in Form abgebogener Stäbe) mit, die von 1956 bis 1961 am Technion in Haifa ausgeführt worden waren. 1971 ergänzte sie *M. Herzog* [6.10] aufgrund seiner Neuauswertung von insgesamt 285 fremden Versuchen (160 mit Normalbetonplatten und 46 mit Leichtbetonplatten, beide ohne Schubbewehrung, sowie 63 Normalbetonplatten mit Schubbewehrung) mit einer oberen Schranke der Durchstanzfestigkeit (R_s in N/mm² einsetzen)

$$\frac{\tau_u}{R_{ct}} = 0{,}7 + 0{,}18\ \mu R_s \le 1{,}67 \tag{6.5}$$

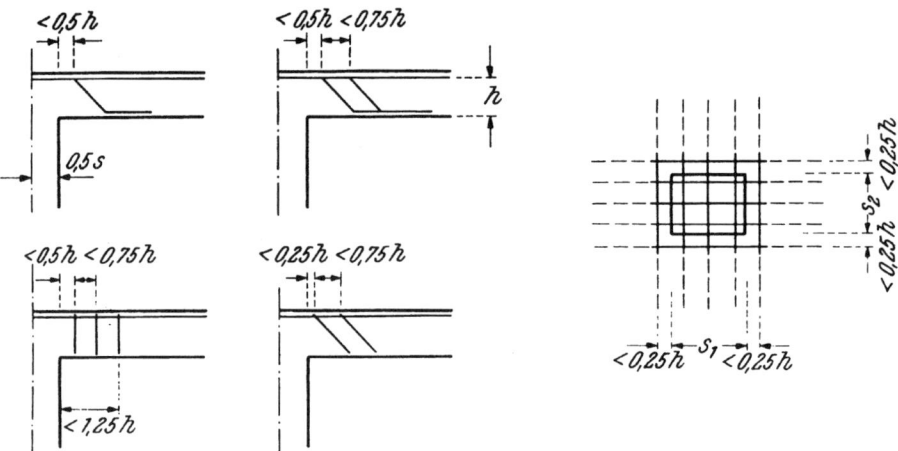

Bild 6.3: Anordnung der Schubbewehrung in durchstanzgefährdeten Stahlbetonplatten nach J.L. Andersson (1963)

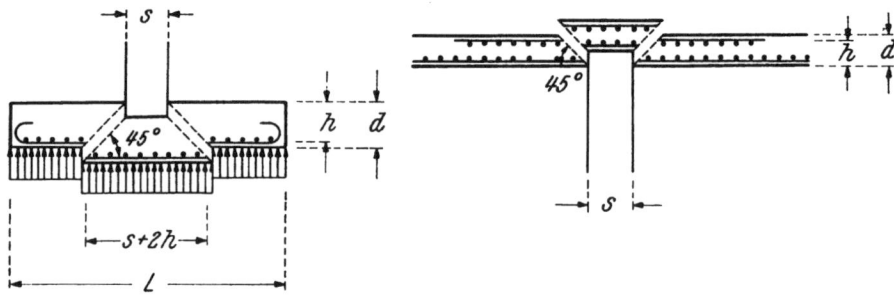

Bild 6.4: Rechnerischer Durchstanzkegel der Fundamente und Platten nach M. Herzog (1971)

Die nominelle Schubbruchspannung ist für die Seitenlänge L des Einzelfundaments bzw. den Stützenabstand L der Flachdecke mit der Gleichung (Bild 6.4)

$$\tau_u = \frac{N_u}{4(s+h)h}\left[1-\left(\frac{s+2h}{L}\right)^2\right] \qquad (6.6)$$

zu berechnen. Das Glied in der eckigen Klammer erfasst den nur bei Fundamenten zu berücksichtigenden Anteil der Stützenlast, der vom durchgestanzten Bruchkonus unmittelbar getragen wird. Der Ausdruck für die Zugfestigkeit des Betons kann näherungsweise

$$R_{ct} = \sqrt{\frac{R_c}{10}} \qquad (6.7)$$

gesetzt werden, wenn sowohl R_c als auch R_{ct} die Dimension MN/m² = N/mm² aufweisen. Die Durchstanzlast von Leichtbetonplatten verringert sich im Verhältnis der Betonwichten des Leicht- zum Normalbeton

$$\frac{N_{oL}}{N_{oN}} = \sqrt[3]{\frac{\rho_{cL}}{\rho_{cN}}} \tag{6.8}$$

Die durchschnittlichen Wirkungsgrade η der Schubbewehrung in Gl. (6.4) betragen für abgebogene Stäbe

$$\boxed{\eta_1 = \frac{A_{sw} R_{sw} \sin \alpha}{N_s} = 0{,}42} \tag{6.9a}$$

und für vertikale bzw. schräge Bügel

$$\boxed{\eta_2 = \frac{A_{sw} R_{sw} \sin \alpha}{N_s} = 0{,}31} \tag{6.9b}$$

Durch die eingelegte Schubbewehrung konnte der Durchstanzwiderstand der untersuchten Stahlbetonplatten um höchstens 162 % angehoben werden. Der Wirkungsgrad von Schubkreuzen aus Walzprofilen kann mit der empirischen Gleichung

$$\boxed{\eta = \frac{2}{3}\left(\frac{c}{h_s} - 2\right) \le 1} \tag{6.10}$$

erfasst werden, wenn c die Auskragung über den Stützenrand und h_s die Höhe des Walzprofils bedeuten. Nach den 16 ausgewerteten Versuchen [6.11] konnte der Durchstanzwiderstand von Stahlbetonplatten mit eingebauten Schubkreuzen um höchstens 68 % gesteigert werden.

1974 ergänzte *M. Herzog* [6.12] sein Bemessungsverfahren zur Berücksichtigung der Stützenquerschnittsform, der Einleitung von Biegemomenten in Innen-, Rand- und Eckstützen, sowie von vorgespannten Hubplatten. 1975 erweiterte *M. Herzog* [6.13] sein Bemessungsverfahren auf Spannbetonplatten ohne Verbund und wies darauf hin [6.14], dass negativ gekrümmte Spannglieder außerhalb des Durchstanzkegels die Durchstanzfestigkeit herabsetzen.

1982 leitete *J. Pralong* [6.15] mit Hilfe der Plastizitätstheorie drei Gleichungen für das mittige Durchstanzen von Stahlbetonplatten ohne und mit Schubbewehrung sowie mit Stützstreifenvorspannung (alle Spannglieder liegen im Durchstanzkegel) ab [6.16]. Da die Benützung seiner Gleichungen durch die Einführung von Hilfswerten für die tägliche Anwendung zu umständlich wird, gab er noch die Näherung

$$\frac{\tau_u}{R_c} = 0{,}2 \left(1 - \frac{\mu R_s}{R_c}\right) \sqrt{\frac{\mu R_s}{R_c}} \tag{6.11}$$

an, die allerdings im Bereich $\frac{\mu R_s}{R_c} > 0{,}13$ über der 5%-Fraktile der Versuchsergebnisse liegt.

Beim üblichen analytischen Vorgehen werden die verschiedenen Parameter stets nur für sich allein und nicht in ihrem Zusammenwirken angesetzt. Die Bemessungsformeln werden daher kompliziert, selbst wenn sie nur für den einfachsten Fall des mittigen Durchstanzens gelten. Der Natur des Stahlbetons entspricht das phänomenologische Vorgehen weit besser. Dabei werden einfache Beziehungen zwischen der Durchstanzfestigkeit und den maßgebenden Parametern für alle praktisch interessanten Fälle unter Zugrundelegung anschaulicher Tragmodelle empirisch hergeleitet.

6.2 Wirklichkeitsnahes Bemessungsverfahren

Um der neuen Sicherheitsvorstellung zu genügen, stellte *M. Herzog* 1986 eine überarbeitete Fassung [6.17] seines Bemessungsvorschlags für durchstanzgefährdete Einzelfundamente und Flachdecken mit dimensionslosen Formeln vor, dem für den Grundfall der Stahlbetonplatte ohne Schubbewehrung unter mittiger Last die beiden Gleichungen

$$\frac{\tau_u}{R_c} = \frac{1{,}6\ \mu R_s/R_c}{1 + 12\ \mu R_s/R_c} \qquad (6.12a)$$

bzw.

$$\frac{\mu R_s}{R_c} = \frac{\tau_u/R_c}{1{,}6 - 12\ \tau_u/R_c} \qquad (6.12b)$$

für den Mittelwert (= 50%-Fraktile) der Versuchsergebnisse (Bild 6.5) sowie die beiden Gleichungen

$$\boxed{\frac{\tau_u}{R_c} = \frac{1{,}6\ \mu R_s/R_c}{1 + 16\ \mu R_s/R_c}} \qquad (6.13a)$$

bzw.

$$\boxed{\frac{\mu R_s}{R_c} = \frac{\tau_u/R_c}{1{,}6 - 16\ \tau_u/R_c}} \qquad (6.13b)$$

für die untere Schranke (= 5%-Fraktile) der Versuchsergebnisse (Bild 6.5) zugrunde liegen. Für Stahlbetonplatten mit einer Schubbewehrung in Form von abgebogenen Stäben, Bügeln und Dübelleisten sowie Walzprofilkreuzen unter mittiger Last bleiben die Gln. (6.4) (6.9) und (6.10) unverändert gültig (Bild 6.6). Ältere amerikanische Versuche mit vorgespannten Hubplatten hatten bereits früher [6.12] gezeigt, dass die Durchstanzfestigkeit durch eine mittige Vorspannung nur um wenige Prozent angehoben wird:

$$\boxed{N_{v1} = N_o(1 + \frac{\sigma_v}{R_c})} \qquad (6.14)$$

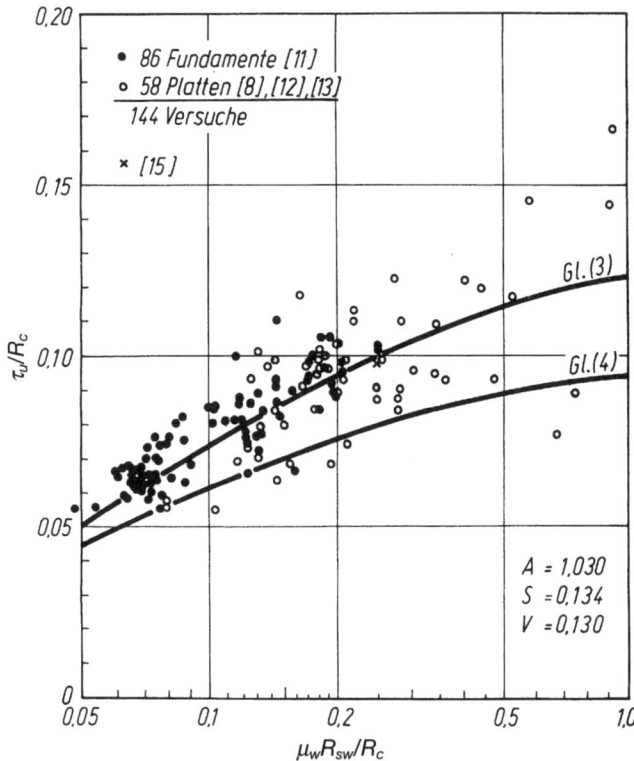

Bild 6.5: Schubbruchspannungen bei mittigem Durchstanzen von Stahlbetonfundamenten und -platten ohne Schubbewehrung nach M. Herzog (1986)

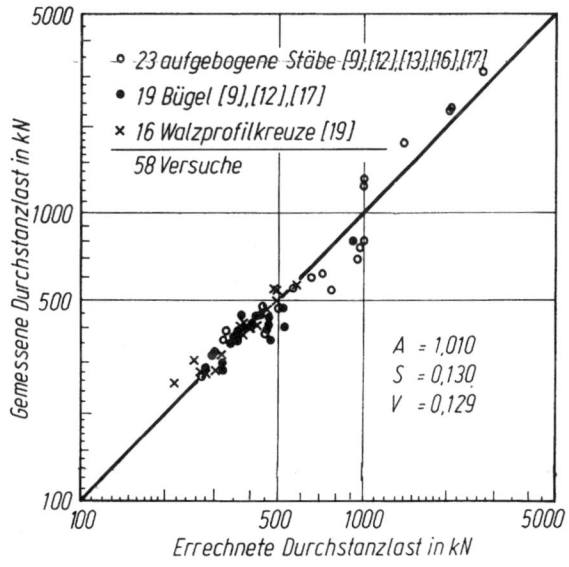

Bild 6.6: Durchstanzlasten von Stahlbetonplatten mit Schubbewehrung nach M. Herzog (1986)

Bei Flachdecken wird häufig eine Stützstreifenvorspannung ausgeführt, bei der alle Spannglieder ohne oder mit Verbund im Durchstanzkegel konzentriert sind. Die Durchstanzlast solcher Platten erhöht sich dabei zusätzlich um den Anteil der Spanngliedumlenkkräfte im Bruchkegel

$$\boxed{N_{v2} = \Sigma\, V_u \sin \alpha_z} \qquad (6.15)$$

Aus der Nachrechnung der wenigen dazu geeigneten Versuche geht eine ausreichende Übereinstimmung von Rechnung und Messung hervor (Bild 6.7).

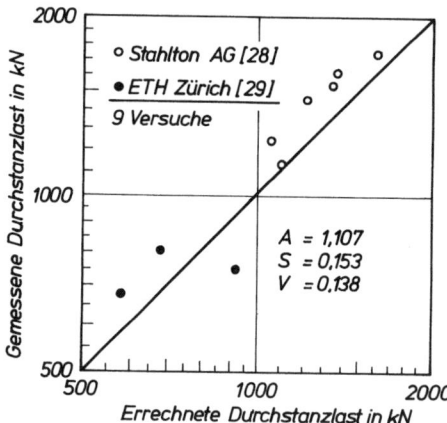

Bild 6.7: Durchstanzlasten von Spannbetonplatten ohne Schubbewehrung nach M. Herzog (1986)

Bei der Übertragung von Biegemomenten zwischen Stütze und Platte (Einzelfundament oder Flachdecke) kommt es zu einer Vergrößerung der gedachten Schubspannungen in der Platte am gedrückten Rand des Stützenquerschnitts. Am anschaulichsten lässt sich die Wechselwirkung zwischen Biegemoment (Stütze) und Durchstanzlast (Platte) in einem dimensionslosen Diagramm [6.12] darstellen. Bezeichnen N_o die Durchstanzlast bei mittiger Beanspruchung der Stütze und N_e diejenige bei ausmittiger, M_o das von der Platte im Durchstanzkegel aufnehmbare Biegemoment nach Gl. (3.17)

$$M_o = A_s R_s z = A_s R_s h \left(1 - \frac{9}{16} \cdot \frac{\mu R_s}{R_c}\right)$$

und M_{St}/u das von der Stütze in die Platte eingeleitete Biegemoment, bezogen auf den Umfang des Durchstanzkegels mit 45° Flankenneigung

$$u = 4\,(s + h) \qquad (6.16)$$

so gilt – ungeachtet ob es sich um eine Innen-, Rand- oder Eckstütze handelt – stets die lineare Interaktionsgleichung

$$\boxed{\frac{N_e}{N_o} + \frac{M_{St}}{u M_o} \leq 1} \qquad (6.17)$$

Bei statisch unbestimmter Einspannung der Platte in der Stütze kann es – auch bei Spannbetonplatten – durch die Rissbildung in der Platte zu einem erheblichen Abbau des übertragenen Biegemoments kommen. Die Auswertung der Versuche mit Innen-, Rand- und Eckstützen (Bilder 6.8 bis 6.10) lässt die für Entwurfszwecke ausreichende Übereinstimmung von Rechnung und Messung deutlich erkennen. Bei kleinen Lastausmitten $e \leq 1,2\ s$ (s entspricht der Seitenlänge des Stützenquerschnitts) kann die Durchstanzlast auch mit der auf der sicheren Seite liegenden Faustformel

$$\frac{N_e}{N_o} = \frac{u}{u + 10\ e} \qquad (6.18)$$

abgeschätzt werden.

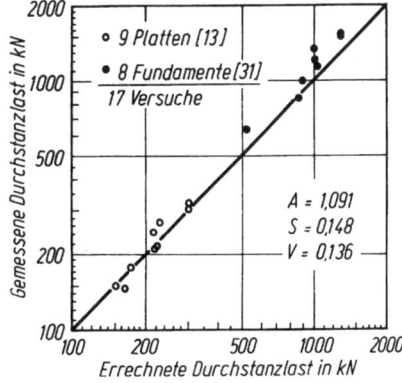

Bild 6.8: Ausmittige Durchstanzlasten bei Innenstützen nach M. Herzog (1986)

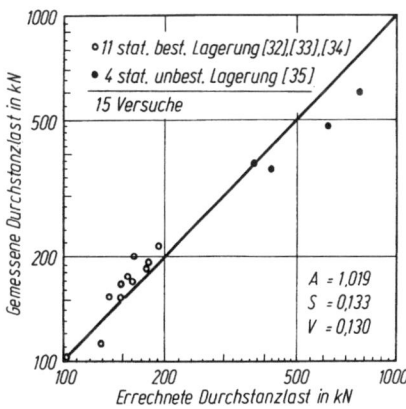

Bild 6.9: Ausmittige Durchstanzlasten bei Randstützen nach M. Herzog (1986)

Durchstanzen

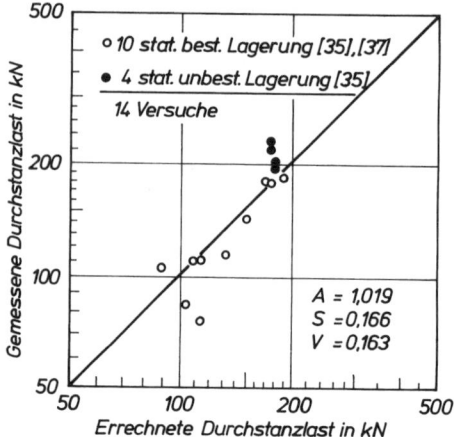

Bild 6.10: Ausmittige Durchstanzlasten bei Eckstützen nach M. Herzog (1986)

Aufgrund der Beobachtungen bei Schubversuchen mit hohen Stahlbetonbalken ohne Schubbewehrung [6.18] ist zu vermuten, dass die Durchstanzfestigkeit dicker Stahlbetonplatten ohne Schubbewehrung kleiner ausfällt als diejenige dünner. Der Abminderungsbeiwert für Platten mit mehr als 35 cm Nutzhöhe kann näherungsweise [6.19] mit h in cm gleich

$$K_h = \sqrt[4]{\frac{35}{h}} \leq 1 \qquad (6.19)$$

gesetzt werden.

Auch der Einfluss des Seitenverhältnisses rechteckiger Stützenquerschnitte [6.20] erfordert eine Abminderung der rechnerischen Abwicklung des Durchstanzkegels [6.12]

$$\text{red } u = K_s u \qquad (6.20)$$

mit

$$K_s = 0{,}6 + 0{,}4 \left(\frac{s_1}{s_2}\right) \qquad (6.21)$$

gültig im Bereich $0{,}2 < \frac{s_1}{s_2} < 1$.

6.3 Versuchsnachrechnungen

6.3.1 Stahlbetonplatte ohne Schubbewehrung unter mittiger Last

Es wird der Versuch [6.21] mit dem größten bisher geprüften Plattenausschnitt (Bild 6.11) nachgerechnet. Mit den Eingangswerten

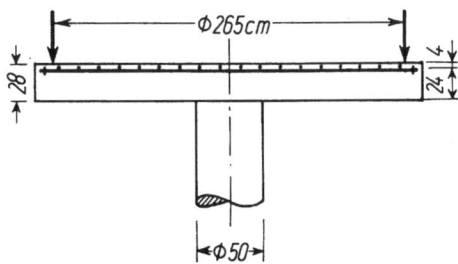

Bild 6.11: Abmessungen des größten bisher geprüften Versuchskörpers (nach [6.21])

$\mu = 1{,}32\ \%$ $\quad R_s = 555\ \text{N/mm}^2$ $\quad R_c = 0{,}8 \cdot 35{,}6 = 28{,}5\ \text{MN/m}^2$

beträgt der mechanische Bewehrungsgehalt

$$\frac{\mu R_s}{R_c} = \frac{1{,}32}{100} \cdot \frac{555}{28{,}5} = 0{,}257$$

Die Schubbruchspannung (50%-Fraktile für Versuchsnachrechnung) folgt mit

$$\frac{\tau_u}{R_c} = \frac{1{,}6 \cdot 0{,}257}{1 + 12 \cdot 0{,}257} = 0{,}1007 \qquad \text{gem. Gl. (6.12a)}$$

rechnerisch zu

$\tau_u = 0{,}1007 \cdot 28{,}5 = 2{,}87\ \text{MN/m}^2$

Die rechnerische Durchstanzlast

$N_o^R = 2{,}87 \cdot \pi \cdot 0{,}24\ (0{,}50 + 0{,}24) = 1{,}601\ \text{MN}\ (= 94{,}5\ \%)$ $\qquad$ gem. Gl. (6.6)

liegt geringfügig unter dem gemessenen Wert von

$N_o^V = 1{,}694\ \text{MN}\ (= 100\ \%)$.

6.3.2 Stahlbetonplatte ohne und mit Schubbewehrung unter mittiger Last

Aus dem Vergleich der gemessenen Druchstanzlasten für die beiden Platten [6.22]
P 2 (ohne Schubbewehrung): $N_o = 0{,}640\ \text{MN}$
P 3 (lotrechte Bügel 76 Ø 8 mit $R_s = 549\ \text{N/mm}^2$): $N_u = N_o + \eta N_s = 0{,}893\ \text{MN}$
geht hervor, dass die Durchstanzlast der Platte P 3 durch die eingelegte Schubbewehrung um

$\eta N_s = 0{,}893 - 0{,}640 = 0{,}253\ \text{MN}\ (= 39{,}5\ \%$ von $N_o)$

gesteigert wurde. Aus der Fließlast der 28 wirksamen (im Durchstanzkegel liegenden) Bügel (sin $\alpha = 1$)

$$N_s = R_{sw} A_{sw} = 549 \cdot \frac{28 \cdot 0{,}486}{10\,000} = 0{,}747\ \text{MN}$$

ergibt sich der Wirkungsgrad der Schubbewehrung in guter Übereinstimmung mit der statistischen Auswertung [6.10] zu

$$\eta = \frac{N_u - N_o}{N_s} = \frac{0{,}253}{0{,}747} = 0{,}34 > 0{,}31$$

6.3.3 Stahlbetonplatte ohne Schubbewehrung bei Randstütze

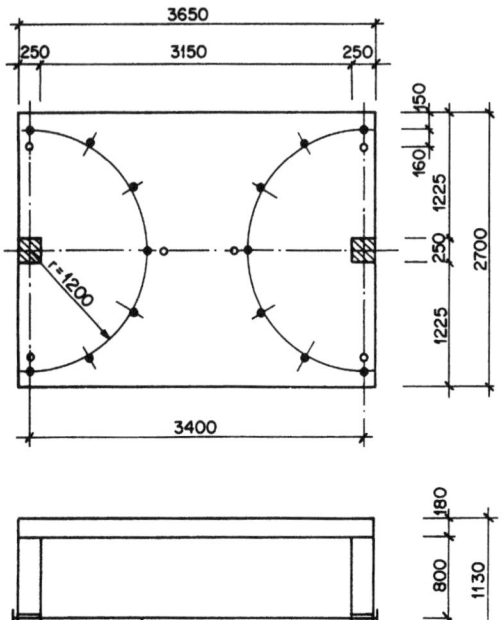

Bild 6.12: Abmessungen der Versuchsplatten mit Randstützen (nach [6.23])

Mit den Eingangswerten der Versuchsplatte P 10 B aus [6.23] (Bild 6.12)

$A_s = 38{,}9$ cm²/m $\qquad R_s = 515$ N/mm² $\qquad R_c = 34{,}5$ MN/m²
$h_x = 16{,}2$ cm $\qquad h_y = 14{,}6$ cm $\qquad h_m = 15{,}4$ cm

$$\frac{\mu R_s}{R_c} = \frac{A_s}{bh_m} \cdot \frac{R_s}{R_c} = \frac{38{,}9}{100 \cdot 15{,}4} \cdot \frac{515}{34{,}5} = 0{,}377$$

ergeben sich mit der rechnerischen Schubbruchspannung

$$\frac{\tau_u}{R_c} = \frac{1{,}6 \cdot 0{,}377}{1 + 12 \cdot 0{,}377} = 0{,}109 \qquad \text{gem. Gl. (6.12a)}$$

die beiden Bezugsgrößen gemäß den Gln. (6.6) und (3.16) zu

$N_o = (0{,}109 \cdot 34{,}5) \cdot 4 \cdot 0{,}154 \cdot (0{,}25 + 0{,}154) = 0{,}936$ MN
$M_o = \dfrac{38{,}9}{10\,000} \cdot 515 \cdot (0{,}812 \cdot 0{,}154) = 0{,}251$ MNm/m.

Aus der durchschnittlichen Lastausmitte der sieben Einzellasten (Bild 6.12)

$$e_m = \frac{1{,}20 + 2(1{,}04 + 0{,}60 + 0)}{7} = 0{,}64 \text{ m}$$

ergibt sich das elastische Stützenmoment näherungsweise an einem Rahmen ermittelt (Einspanngrad ε und Starreinspannmoment $\overline{M}$) zu

$M_{St} = \varepsilon \overline{M} = 0{,}612 \cdot (0{,}503\, N_e) = 0{,}308\, N_e$ \hfill (6.22)

Mit dem Umfang des unter 45° geneigten Durchstanzkegels der Randstütze von
$u = 3a + 2h = 3 \cdot 0{,}25 + 2 \cdot 0{,}154 = 1{,}058$ m
liefert die Interaktionsgleichung (6.17)

$$\frac{N_e}{0{,}936} + \frac{0{,}308\, N_e}{1{,}058 \cdot 0{,}251} = 1 \quad \text{oder} \quad (1{,}068 + 1{,}160) \cdot N_e = 1$$

schließlich die rechnerische Durchstanzlast der Randstütze zu

$$N_e^R = \frac{1}{1{,}068 + 1{,}160} = 0{,}449 \text{ MN } (= 119\,\%),$$

während der gemessene Wert $N_e^v = 0{,}376$ MN ($= 100\,\%$) etwas kleiner ausfiel.

6.3.4 Stahlbetonplatte mit Schubbewehrung bei Randstütze

Mit den Eingangswerten für die Versuchsplatte P 11 B aus [6.23] (Bild 6.12)

$A_s = 38{,}9$ cm²/m $R_s = 515$ N/mm² $R_c = 29{,}9$ MN/m²
$h_x = 15{,}7$ cm $h_y = 14{,}1$ cm $h_m = 14{,}9$ cm
$A_{sw} = 63 \times 2\, \emptyset\, 7 = 49{,}8$ cm² $R_{sw} = 553$ N/mm²

den Hilfswerten

$$\frac{\mu R_s}{R_c} = \frac{A_s}{bh_m} \cdot \frac{R_s}{R_c} = \frac{38{,}9}{100 \cdot 14{,}9} \cdot \frac{515}{29{,}9} = 0{,}450$$

$$\frac{\tau_u}{R_c} = \frac{1{,}6 \cdot 0{,}450}{1 + 12 \cdot 0{,}450} = 0{,}112 \qquad \text{gem. Gl. (6.12a)}$$

den Bezugswerten

$$N_o = (0{,}112 \cdot 29{,}9) \cdot 4 \cdot 0{,}149 \cdot (0{,}25 + 0{,}149) + 0{,}31 \cdot \frac{49{,}8}{10\,000} \cdot 553$$
$$= 0{,}796 + 0{,}854 = 1{,}650 \text{ MN} \qquad \text{gem. Gl. (6.6)}$$

$$M_o = \frac{38{,}9}{10\,000} \cdot 515 \cdot (0{,}775 \cdot 0{,}149) = 0{,}231 \text{ MNm/m} \qquad \text{gem. Gl. (3.16)}$$

sowie dem elastischen Stützenmoment (vgl. Abschnitt 6.3.3)
$e_m = 0{,}64$ m $M_{St} = 0{,}308\, N_e$
und dem Umfang des Durchstanzkegels von
$u = 3 \cdot 0{,}25 + 2 \cdot 0{,}149 = 1{,}048$ m
folgt aus der Interaktionsgleichung (6.17)

$$\frac{N_e}{1{,}650} + \frac{0{,}308\, N_e}{1{,}048 \cdot 0{,}231} = 1 \quad \text{oder} \quad (0{,}606 + 1{,}273)\, N_e = 1$$

schließlich die rechnerische Durchstanzlast der Randstütze zu

$$N_e^R = \frac{1}{1{,}606 + 1{,}273} = 0{,}532 \text{ MN } (= 110\,\%),$$

während der gemessene Wert $N_e^v = 0{,}483$ MN ($= 100\,\%$) wiederum etwas kleiner ausfiel.

6.3.5 Stahlbetonplatte ohne Schubbewehrung bei Eckstütze

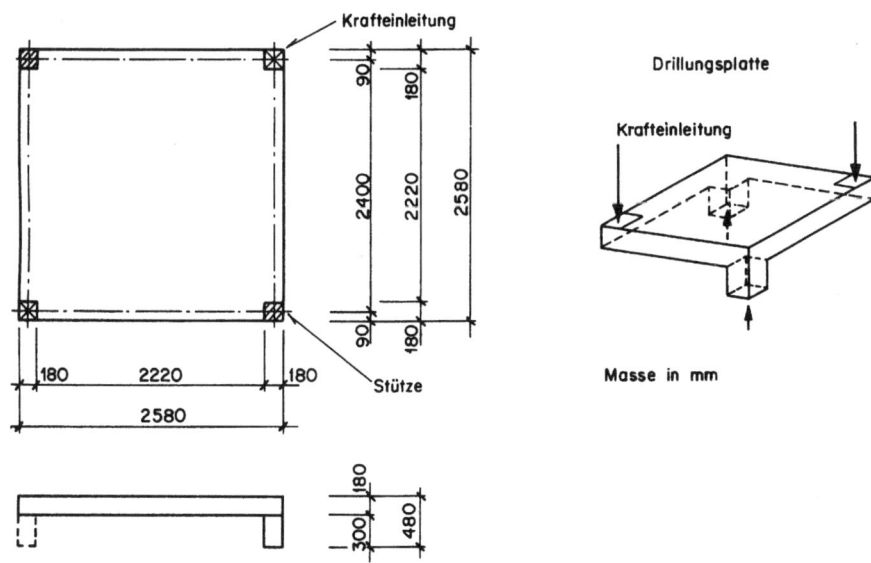

Bild 6.13: Abmessungen der Versuchsplatten mit Eckstützen (nach [6.23])

Mit den Eingangswerten für die Versuchsplatte P 14 B aus [6.23] (Bild 6.13)

$A_s = 19{,}45$ cm²/m $R_s = 515$ N/mm² $R_c = 29{,}7$ MN/m²
$h_x = 16{,}2$ cm $h_y = 14{,}6$ cm $h_m = 15{,}4$ cm

den Hilfswerten

$$\frac{\mu R_s}{R_c} = \frac{A_s}{bh_m} \cdot \frac{R_s}{R_c} = \frac{19{,}45}{100 \cdot 15{,}4} \cdot \frac{515}{29{,}7} = 0{,}219$$

$$\frac{\tau_u}{R_c} = \frac{1{,}6 \cdot 0{,}219}{1 + 12 \cdot 0{,}219} = 0{,}0966 \qquad \text{gem. Gl. (6.12a)}$$

den Bezugsgrößen

$N_o = (0{,}0966 \cdot 29{,}7) \cdot 4 \cdot 0{,}154 \cdot (0{,}18 + 0{,}154) = 0{,}590$ MN   gem. Gl. (6.6)

$M_o = \dfrac{19{,}45}{10\,000} \cdot 515 \cdot (0{,}890 \cdot 0{,}154) = 0{,}1373$ MNm/m   gem. Gl. (3.16)

sowie dem elastischen Stützenmoment (vgl. Abschnitt 6.3.3)
$M_{St} = 0{,}140 \cdot (0{,}228\,N_e) = 0{,}0319\,N_e$

und dem Umfang des Durchstanzkegels von
$u = 2 \cdot 0{,}18 + 0{,}154 = 0{,}514$ m

folgt aus der Interaktionsgleichung (6.17)

$$\frac{N_e}{0{,}590} + \frac{0{,}0319\,N_e}{0{,}514 \cdot 0{,}1373} = 1 \quad \text{oder} \quad (1{,}695 + 0{,}452)\,N_e = 1$$

schließlich die rechnerische Durchstanzlast der Eckstütze zu

$$N_e^R = \frac{1}{1{,}695 + 0{,}452} = 0{,}466 \text{ MN } (= 471 \text{ \%}),$$

während der gemessene Wert $N_e^V = 0{,}099$ MN (= 100 %) erheblich kleiner ausfiel. Dieser Messwert lag jedoch laut Versuchsbericht [6.23] **weit unter** der erwarteten Bruchlast.

6.4 Bemessungsbeispiel

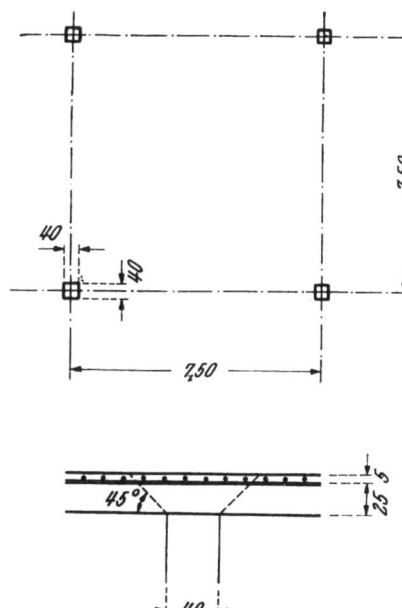

Bild 6.14: Abmessungen der Flachdecke des Zahlenbeispiels

6.4.1 Biegung

Für die im Bild 6.14 dargestellte Flachdecke (Innenfeld) betragen die maßgebenden Einwirkungen und Lastbeiwerte:

Eigenlast $\quad 0{,}30 \cdot 25 = 7{,}5$ kN/m²
Bodenbelag $\quad 0{,}04 \cdot 25 = 1{,}0$ kN/m²

ständige Last $\quad\quad$ g = 8,5 kN/m² $\quad\quad \gamma_g = 1{,}35$
Nutzlast $\quad\quad\quad\;$ p = 10,0 kN/m² $\quad\; \gamma_p = 1{,}50$

Mit dem Verhältnis der Auflagerbreite zur Stützweite [6.24]

$$\frac{b}{a} = \frac{s+d}{L} = \frac{40+30}{750} = 0{,}093$$

ergibt sich das größte negative Biegemoment der Flachdecke über der Innenstütze nach Bild 6.15 zu

Durchstanzen

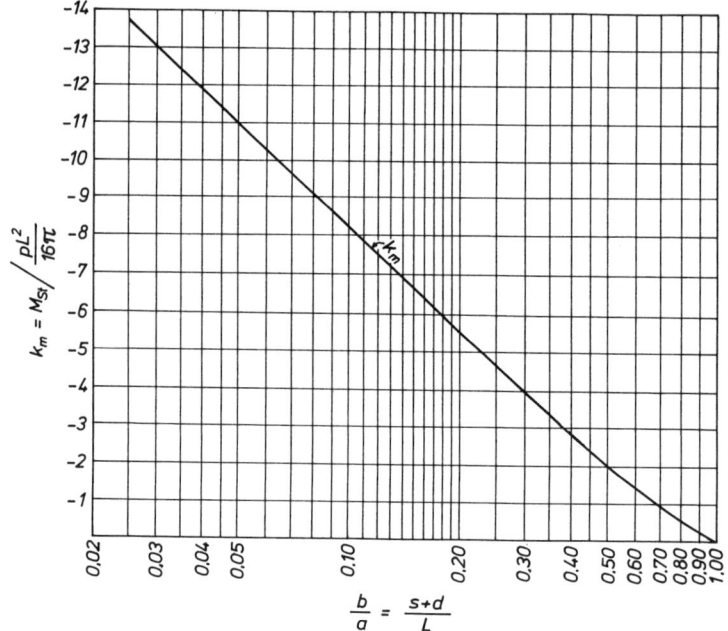

Bild 6.15: Momentenbeiwert k_m für das Stützenmoment von Flachdecken nach M. Herzog (1958) [6.24]

$$\gamma_t M = \frac{k_m}{16\pi}(\gamma_g g + \gamma_p p) L^2 = \frac{8,5}{16\pi}(1,35 \cdot 8,5 + 1,50 \cdot 10,0) \cdot 7,50^2 = -252 \text{ kNm/m} \quad (6.22)$$

Mit den gewählten Baustoffgüten BSt 500 und B 45, den Widerstandsbeiwerten $\gamma_s = 1,15$ und $\gamma_c = 1,50$ sowie den rechnerischen Festigkeiten $R'_s = 500/1,15 = 435$ N/mm² und

$$R'_c = \frac{0,8 \cdot 45}{1,50} = 24,0 \text{ MN/m}^2$$

ergibt sich die erforderliche Biegezugbewehrung über der Innenstütze zu

$$A_s = \frac{\gamma_t M}{R'_s z} = \frac{0,252}{435 \cdot 0,90 \cdot 0,25} = 0,00257 \text{ m}^2/\text{m} = 25,7 \text{ cm}^2/\text{m}$$

Gewählt werden Ø 22, a = 15 cm mit $A_{s\text{vorh}} = 25,4$ cm²/m

6.4.2 Durchstanzen ohne Schubbewehrung

Mit dem mechanischen Biegebewehrungsanteil

$$\frac{\mu R_s}{R_c} = \frac{25,7}{25 \cdot 100} \cdot \frac{435}{24,0} = 0,188$$

liefert die Gl. (6.13a) das Verhältnis

$$\frac{\tau_u}{R_c} = \frac{1,6 \cdot 0,188}{1 + 16 \cdot 0,188} = 0,075$$

und damit die rechnerische Schubbruchspannung zu
$\tau_u = 0{,}075 \cdot 24{,}0 = 1{,}80$ MN/m²
Die rechnerische Durchstanzlast folgt dann aus Gl. (6.6) zu
$$\frac{N_o}{\gamma_R} = 4 \cdot 0{,}25 \cdot (0{,}40 + 0{,}25) \cdot 1{,}80 = 1{,}170 \text{ MN}$$
Dieser Wert ist erheblich kleiner als die Stützenlast
$$\gamma_L N = (\gamma_g g + \gamma_p p) L^2 = (1{,}35 \cdot 8{,}5 + 1{,}59 \cdot 10{,}0) \cdot 7{,}50^2 = 1491 \text{ kN} \tag{6.23}$$
Die Flachdecke ohne Schubbewehrung könnte höchstens die rechnerische Durchstanzlast tragen. Der Unterschied
$$\gamma_L \Delta N = \gamma_L N - \frac{N_o}{\gamma_R} = 1{,}491 - 1{,}170 = 0{,}321 \text{ MN} \tag{6.24}$$
muss von der Schubbewehrung übernommen werden.

6.4.3 Schubbewehrung mit abgebogenen Stäben

Für die zunächst geschätzte Schubbewehrung von 20 unter 45° abgebogenen Stäben Ø 14 (Bild 6.16a) beträgt die Vertikalkomponente der Fließlast
$$\frac{N_o}{\gamma_R} = A_{sw} R'_{sw} \sin \alpha = \frac{30{,}8}{10\,000} \cdot 435 \cdot 0{,}707 = 0{,}945 \text{ MN} \tag{6.25}$$
Mit dem Wirkungsgrad gemäß Gl. (6.9a) kann die Schubbewehrung den Stützenlastanteil
$$\frac{\eta N_s}{\gamma_R} = 0{,}42 \cdot 0{,}945 = 0{,}397 \text{ MN} > \gamma_L \Delta N = 0{,}321 \text{ MN}$$
übernehmen.

6.4.4 Schubkreuz aus Walzprofilen

Für das angenommene vierarmige Schubkreuz aus HEM 100 der Stahlgüte St 37 (Bild 6.16b) beträgt das plastische Flanschbiegemoment eines Armes
$$\frac{M_{pl}}{\gamma_R} = R'_s A_F (h - t) = \frac{23{,}5}{1{,}15} \cdot 10{,}6 \cdot 2{,}0 \cdot (12{,}0 - 2{,}0) = 4325 \text{ kNcm} \tag{6.26}$$
Das Verhältnis der Kraglänge zur Profilhöhe
$$\frac{c}{h_s} = \frac{50}{12} = 4{,}17$$
liefert gemäß Gl. (6.10) den Wirkungsgrad zu
$$\eta = \frac{2}{3}(4{,}17 - 2) = 1{,}45 > 1$$
Das vierarmige Schubkreuz kann daher den Stützenlastanteil
$$\frac{\eta N_s}{\gamma_R} = \frac{\eta M_{pl}}{\gamma_R \cdot c} \cdot 4 = 1{,}00 \cdot \frac{0{,}04325 \cdot 4}{50} = 0{,}346 \text{ MN} > \gamma_L \Delta N = 0{,}321 \text{ MN} \tag{6.27}$$
tragen.

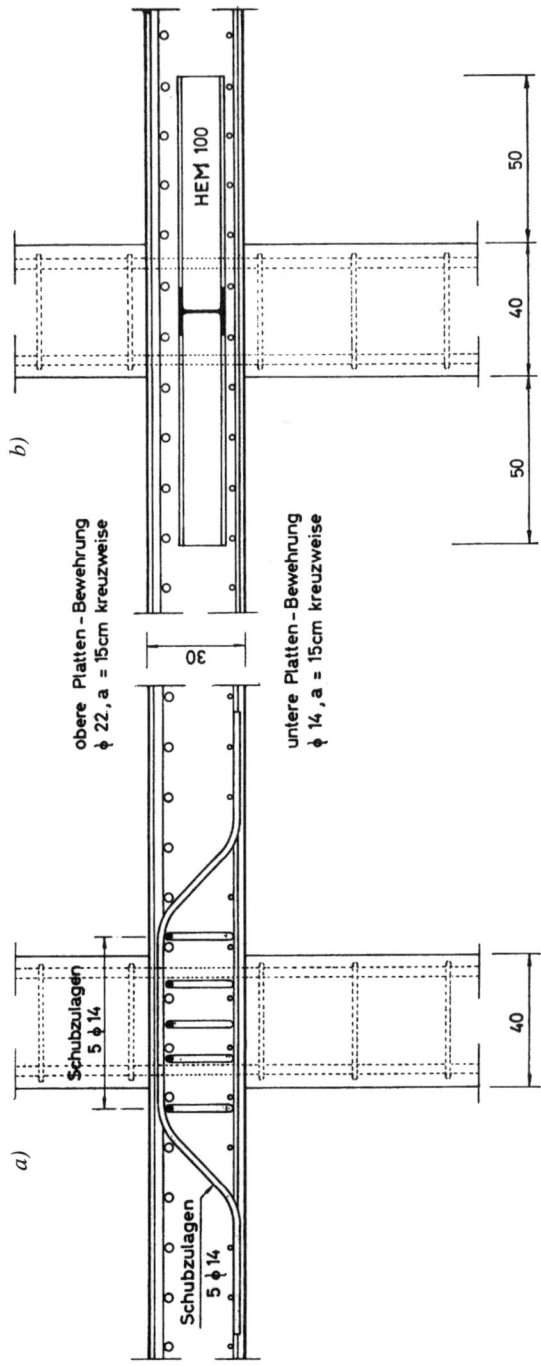

Bild 6.16: Schubbewehrung des Zahlenbeispiels: a) abgebogene Stäbe und b) Schubkreuz

Die Schubspannung der vier Arme des Schubkreuzes

$$\tau_s = \frac{n \Delta N}{4\,s\,(h-2\,t)} = \frac{321}{4 \cdot 1{,}20\,(12{,}0 - 2 \cdot 2{,}0)} = 8{,}4 \text{ kN/cm}^2 = 84 \text{ N/mm}^2 \qquad (6.28)$$

ist kleiner als die vorhandene Schubfestigkeit

$$\frac{R'_s}{\sqrt{3}} = \frac{204}{\sqrt{3}} = 118 \text{ N/mm}^2$$

6.4.5 Durchstanznachweis nach DIN 1045 (1988)

$N = (8{,}5 + 10{,}0) \cdot 7{,}50^2 = 1041 \text{ kN} = 1{,}041 \text{ MN}$

$\tau_r = \dfrac{1{,}041}{\pi(1{,}13 \cdot 0{,}40 + 0{,}25) \cdot 0{,}25} = 1{,}89 \text{ MN/m}^2$

$\mu = \dfrac{25{,}4}{25 \cdot 100} = 1{,}016 \ \% < 25 \cdot \dfrac{45{,}0}{500} = 2{,}25 \ \%$

zul $\tau_{r1} = 1{,}3 \cdot 1{,}4 \cdot 0{,}50 \cdot \sqrt{1{,}016} = 0{,}92 \text{ MN/m}^2$

zul $\tau_{r2} = 0{,}45 \cdot 1{,}4 \cdot 2{,}70 \cdot \sqrt{1{,}016} = 1{,}72 \text{ MN/m}^2$

Die Ausführung der Flachdecke mit den Abmessungen des Zahlenbeispiels ist auch bei Vorhandensein einer Durchstanzbewehrung nach DIN 1045 nicht zulässig.

6.4.6 Durchstanznachweis nach EC 2

$u = 4 \cdot 0{,}40 + 2\,\pi \cdot 1{,}5 \cdot 0{,}25 = 1{,}60 + 2{,}36 = 3{,}96 \text{ m}$

$V_{Sd} = (1{,}35 \cdot 0{,}0085 + 1{,}50 \cdot 0{,}010) \cdot 7{,}50^2 = 1{,}489 \text{ MN}$

$v_{Sd} = \dfrac{1{,}15 \cdot 1{,}489}{3{,}96} = 0{,}432 \text{ MN/m}$

$\rho_1 = 1{,}016 \ \% < 0{,}015$

C 40/50

$v_{Rd1} = 1{,}2 \cdot 0{,}31 \cdot (1{,}6 - 0{,}25)\,(1{,}2 + 40 \cdot 0{,}01016) \cdot 0{,}25 = 0{,}202 \text{ MN}$

ohne Durchstanzbewehrung nicht zulässig

$f_{yd} = 500/1{,}15 = 435 \text{ N/mm}^2$

$A_{sw} = \dfrac{(0{,}432 - 0{,}202) \cdot 3{,}96}{0{,}5 \cdot 435 \cdot 0{,}707} = 0{,}00592 \text{ m}^2 = 59{,}2 \text{ cm}^2\ (4 \times 5\ \emptyset\ 20)$

Die erforderliche Durchstanzbewehrung wäre nach EC 2 nahezu doppelt so groß wie nach Abschnitt 6.2. Wegen

$v_{Sd} > 1{,}6\ v_{Rd1} = 0{,}323$

ist die Ausführung dieser Flachdecke jedoch auch nach EC 2 nicht zulässig.

Durchstanzen

6.4.7 Durchstanznachweis nach DIN 1045-1 neu

$V_{Sd} = 1{,}489$ MN
$f_{ck} = 40$ MN/m² (C 40/50)
$f_{yk} = 500$ MN/m²; $\rho_1 = 1{,}016$ % (BSt 500)
$u = 4 \cdot 0{,}40 + 2\pi \cdot (1{,}5 \cdot 0{,}25) = 3{,}96$ m
$v_{Sd} = 1{,}05 \cdot 1{,}489 / (3{,}96 \cdot 0{,}25) = 1{,}58$ MN/m²

$v_{Rd,ct} = 0{,}12 \cdot (1+(200/250)^{0,5}) \cdot (100 \cdot 0{,}01016 \cdot 40)^{0,33} = 0{,}78$ MN/m²
$v_{Sd} > v_{Rd,ct}$ → Durchstanzbewehrung erforderlich!

$v_{Rd,max} = 1{,}7 \cdot v_{Rd,ct} = 1{,}7 \cdot 0{,}78 = 1{,}33$ MN/m² $< 1{,}58$ MN/m²
→ Ausführung mit Durchstanzbewehrung nicht zulässig

6.5 Folgerungen

Die Nachrechnung von über 300 Durchstanzversuchen – auch an großen Stahlbetonplatten ohne und mit Schubbewehrung bei Innen-, Rand- und Eckstützen – lässt klar erkennen, dass erstens das anschauliche Bemessungsverfahren von *M. Herzog* sehr einfach zu handhaben ist und zweitens seine Ergebnisse für Entwurfszwecke ausreichend wirklichkeitsnah sind. Die Bemessung nach DIN 1045 und nach EC 2 ist dagegen unwirtschaftlich.

Literatur

[6.1] Talbot, A.N.: Reinforced concrete wall footings and column footings. University of Illinois, Engineering Experiment Station, Bulletin 67, Urbana 1913. (Deutsche Kurzfassung von Henkel, O.: Die Füße der Eisenbetonstützen. Beton & Eisen 15 (1916) S. 135-139, 157-159 und 180-182)
[6.2] Graf, O.: Versuche über die Widerstandsfähigkeit von Eisenbetonplatten unter konzentrierter Last nahe einem Auflager. Deutscher Ausschuss für Eisenbeton, Heft 73. Ernst & Sohn, Berlin 1933
[6.3] Wheeler, W.H.: Thin flat-slab floors prove rigid under tests. Engineering News-Record 116 (1936) S. 49-50
[6.4] Graf, O.: Versuche über die Widerstandsfähigkeit von allseitig aufliegenden, dicken Eisenbetonplatten unter Einzellasten. Deutscher Ausschuss für Eisenbeton, Heft 88. Ernst & Sohn, Berlin 1938
[6.5] Kinnunen, S. und Nylander, H.: Punching of concrete slabs without shear reinforcement. KTH Handlingar Nr. 158, Stockholm 1960
[6.6] Schaeidt, W., Ladner, M. und Rösli, A.: Berechnung von Flachdecken auf Durchstanzen. Techn. Forschungs- und Beratungsstelle d. Schweiz. Zementindustrie, Wildegg 1970
[6.7] Stiglat, K.: Statische und konstruktive Probleme und Lösungsmöglichkeiten bei Flachdecken im Stanzbereich. Arbeitstagung d. Bundesvereinigung d. Prüfingenieure f. Baustatik in Freudenstadt/Braunlage 1979
[6.8] Andersson, J.L.: Punching of concrete slabs with shear reinforcement. KTH Handlingar Nr. 212, Stockholm 1963
[6.9] Yitzhaki, D.: Punching strength of reinforced concrete slabs. ACI Journal 61 (1964) S. 527-542

[6.10] Herzog, M.: Der Durchstanzwiderstand von Stahlbetonplatten nach neu ausgewerteten Versuchen. Österr. Ing.-Zeitschrift 116 (1971) S. 186-192 und 216-219
[6.11] Corley, W.G. und Hawkins, N.M.: Shearhead reinforcement for slabs. ACI Journal 65 (1968) S. 811-824
[6.12] Herzog, M.: Wichtige Sonderfälle des Durchstanzens von Stahlbeton- und Spannbetonplatten nach Versuchen. Bauingenieur 49 (1974) S. 333-342
[6.13] Herzog, M.: Tragfähigkeit und Bemessung von Flachdecken aus Spannbeton ohne Verbund. Bauingenieur 54 (1979) S. 377-384
[6.14] Herzog, M.: Einfluss der Spanngliedanordnung auf den Durchstanzwiderstand vorgespannter Flachdecken nach Versuchen. Beton- & Stahlbetonbau 74 (1979) S. 294-296
[6.15] Pralong, J.: Poinçonnement symétrique des planchers-dalles. Diss. ETH Zürich 1982
[6.16] Stahlton AG: Stützstreifenvorspannung (Berechnungsgrundlagen). Eigenverlag, Zürich 1974
[6.17] Herzog, M.: Die Durchstanzfestigkeit von Stahlbeton- und Spannbetonplatten ohne und mit Schubbewehrung bei Innen-, Rand- und Eckstützen. Beton- & Stahlbetonbau 81 (1986) S. 68-73
[6.18] Kani, G.N.J.: How safe are our large reinforced concrete beams? ACI Journal 64 (1967) S. 128-141
[6.19] Herzog, M.: Zuschrift zu Aster, H. und Koch, R.: Schubtragfähigkeit dicker Stahlbetonplatten. Beton- & Stahlbetonbau 70 (1975) S. 156
[6.20] Hawkins, N.M., Fallsen, H.B. und Hinojosa, R.C.: Influence of column rectangularity on the behavior of flat plate structures. ACI Publication SP-30, S. 127-146. American Concrete Institute, Detroit 1971
[6.21] Ladner, M.: Das Durchstanzen von Stützen bei Flachdecken. Schweiz. Bauzeitung 89 (1971) S. 1218-1221
[6.22] Pralong, J., Brändli, W. und Thürlimann, B.: Durchstanzversuche an Stahlbeton- und Spannbetonplatten. Bericht 7305-2 d. IBK a.d. ETH Zürich. Birkhäuser, Basel 1977
[6.23] Brändli, W., Müller, F.X. und Thürlimann, B.: Bruchversuche an Stahlbeton- und Spannbetonplatten bei Rand- und Eckstützen. Bericht 7305-4 d. IBK a.d. ETH Zürich. Birkhäuser, Basel 1982
[6.24] Herzog, M.: Einfache Pilzkopfform erleichtert Bauausführung. Bautechnik 35 (1958) S. 474-476

7 Mittiger Druck

7.1 Geschichtliche Entwicklung

Die zulässige Last mittig gedrückter Stahlbetonstützen berechnete *F. Hennebique* bereits 1892 mit dem erst später so genannten Additionsgesetz (Betonquerschnitt A_c und Stahlquerschnitt A_s) zu

$$N_{zul} = A_c \sigma_{bzul} + A_s \sigma_{ezul} \tag{7.1}$$

Dabei war die Betonspannung mit σ_{bzul} = 2,5 MN/m² und die Stahlspannung mit σ_{ezul} = 100 N/mm² einzusetzen.

Nachdem *A. Considère* im Jahr 1899 beobachtet hatte, dass Sand in einer mit Bindfaden umwickelten Papierrolle eine hohe Druckfestigkeit erreicht, war es bis zur Erfindung der umschnürten Stahlbetonstütze nur noch ein kleiner Schritt [7.1]. Weil *Considères* Bemessungsformel (Wendelquerschnitt A_w)

$$\boxed{N_{zul} = A_{ck} \sigma_{bzul} + A_s \sigma_{ezul} + \eta A_w \sigma_{ezul}} \tag{7.2}$$

rein empirisch begründet war (mit η = 2,4), brauchte sie auch später nicht mehr abgeändert zu werden. Mit zunehmender Betondruckfestigkeit nimmt die Bedeutung der Umschnürung ab. Heute dient sie vor allem in Erdbebengebieten zur Gewährleistung einer ausreichenden Duktilität (= Zähigkeit) der Stahlbetonsäulen.

Seit den klassischen Druckversuchen mit Eisenbetonkörpern von *C. Bach* [7.2] im Jahr 1905 war der Einfluss der Verbügelung auf die Tragfähigkeit von Stahlbetonstützen (Tabelle 7.1) ausreichend bekannt. Bei den in Mitteleuropa wegen der kleinen Erdbebengefahr gerechtfertigten schwachen Verbügelungen beträgt der Bügelanteil der Traglast meist nur wenige Prozent.

1912 wurde die Gültigkeit des Additionsgesetzes durch Einführung der Säulenfestigkeit ($\approx$ Prismenfestigkeit R_c) des Betons und der Streckgrenze R_s ($\approx$ Quetschgrenze) der Bewehrung von *E. Mörsch* [7.3] auf den Bruchzustand

$$\boxed{N_u = A_c R_c + A_s R_s} \tag{7.3}$$

ausgedehnt.

Tabelle 7.1 Tragfähigkeit von Stahlbetonstützen in Abhängigkeit von der Verbügelung nach *C. Bach* [7.2] 1905

Längs-bewehrung	Bügel Ø 7 im Abstand	σ_u MN/m²	Verhältnis der Tragfähigkeit %	%
–	–	14,1	100	–
4 Ø 15	a = 25 cm	16,7	118,5	100
4 Ø 15	12,5	17,7	125,5	106,0
4 Ø 15	6,25	20,3	144	121,5

Geschichtliche Entwicklung

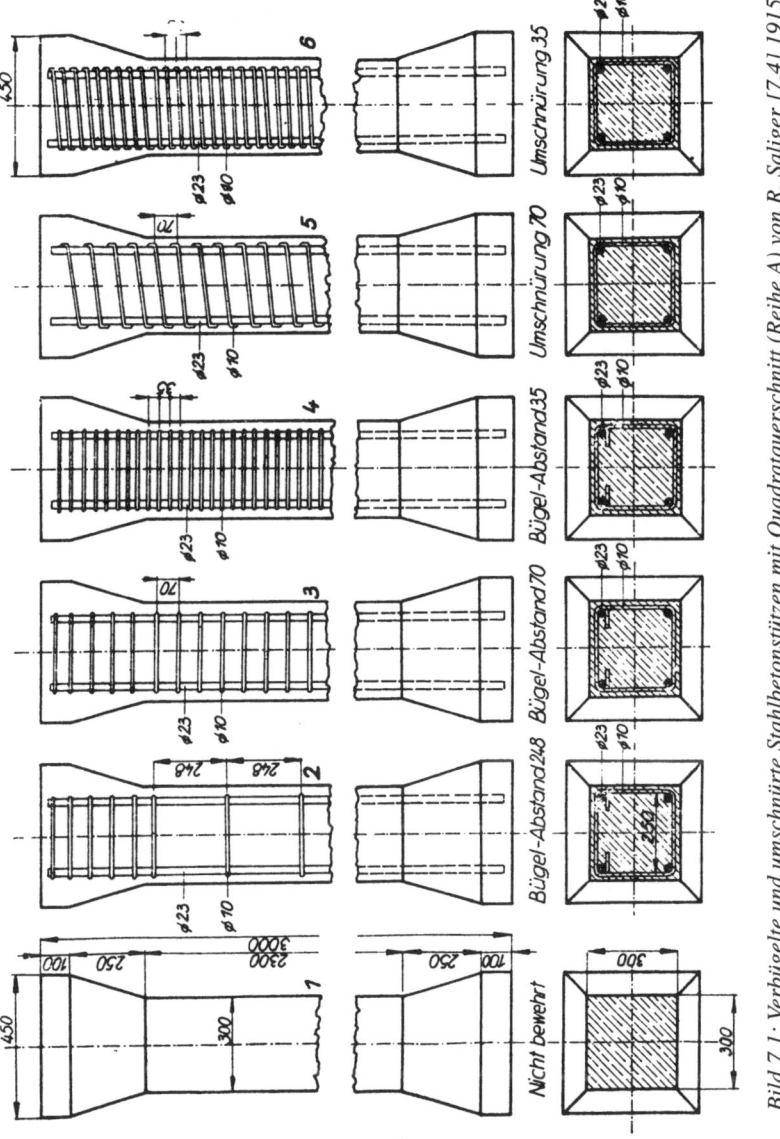

Bild 7.1: *Verbügelte und umschnürte Stahlbetonstützen mit Quadratquerschnitt (Reihe A) von R. Saliger [7.4] 1915*

Mittiger Druck

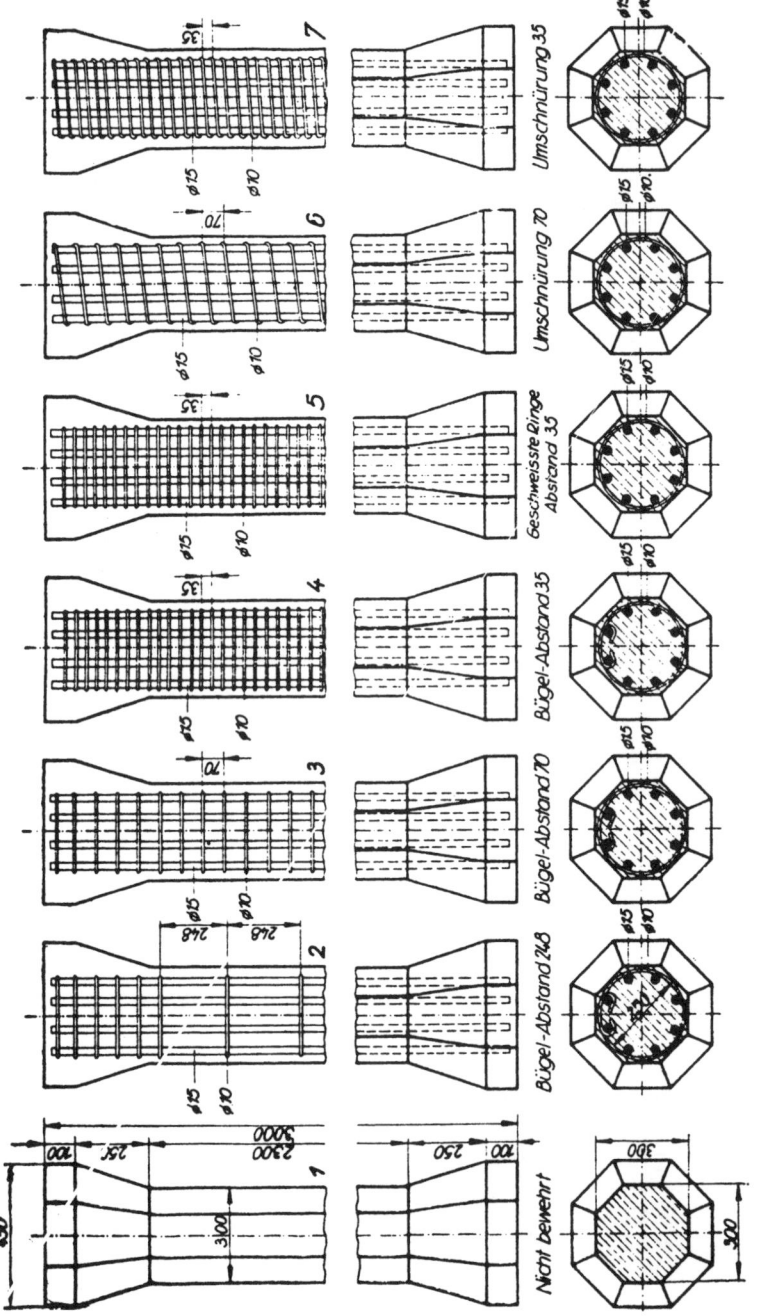

Bild 7.2: Verbügelte und umschnürte Stahlbetonstützen mit Achteckquerschnitt (Reihe B) von R. Saliger [7.4] 1915

1915 gestatteten die Versuche von R. *Saliger* [7.4] mit verbügelten und umschnürten Quadratstützen (Bild 7.1 und Tabelle 7.2) bzw. mit verbügelten und umschnürten Achteckstützen (Bild 7.2 und Tabelle 7.3) aus Gussbeton einige interessante Folgerungen. Erstens ist die quadratische Verbügelung und Umschnürung in Quadratstützen weniger wirksam als die kreisförmige in Achteckstützen. Zweitens ist die kreisförmige Umschnürung in Achteckstützen wirksamer als kreisförmige Bügel. Drittens ist die kreisförmige Umschnürung der Achteckstützen nur geringfügig wirksamer als geschweißte Ringbügel.

Trotz dieser eindeutigen Versuchsergebnisse hat es sich in der Konstruktionspraxis eingebürgert (vgl. beispielsweise die Ausgabe 1932 der DIN 1045), den meist nur kleinen Bügelanteil an der Traglast gemäß Gl. (7.3) ganz zu vernachlässigen.

Somit ergibt sich für die Traglast bei bügelbewehrten Stützen zu

Tabelle 7.2 Tragfähigkeit verbügelter und umschnürter Quadratstützen in Abhängigkeit von der Querbewehrung nach R. *Saliger* [7.4] 1915

Stütze Nr.	N_u[1] MN	Bügel Abstand mm	A_w cm²	Umschnürung Ganghöhe mm	A_w cm²	Verhältnis der Tragfähigkeit %
A 1	1,26	–	–	–	–	100
A 2	1,56	248	3,17	–	–	124
A 3	1,76	70	11,25	–	–	140
A 4	1,95	35	22,5	–	–	155
A 5	1,75	–	–	70	11,25	139
A 6	2,00	–	–	35	22,5	159

[1] Mittelwert aus drei Versuchen

Tabelle 7.3 Tragfähigkeit verbügelter und umschnürter Achteckstützen in Abhängigkeit von der Querbewehrung nach R. *Saliger* [7.4] 1915

Stütze Nr.	N_u[1] MN	Bügel Abstand mm	A_w cm²	Umschnürung Ganghöhe mm	A_w cm²	Verhältnis der Tragfähigkeit %
B 1	1,21	–	–	–	–	100
B 2	1,56	248	2,49	–	–	129
B 3	1,64	70	8,84	–	–	136
B 4	1,77	35	17,68	–	–	146
B 5	2,00	35[2]	17,68	–	–	165
B 6	1,98	–	–	70	8,84	164
B 7	2,04	–	–	35	17,68	168

[1] Mittelwert aus drei Versuchen
[2] Geschweißte Ringe

$$\boxed{N_u = (A_c - A_s)\, R_c + A_s R_s = A'_c R_c + A_s R_s}\tag{7.4}$$

Bei den umschnürten Stützen ist nur der Kernquerschnitt A_{ck} (innerhalb der Umschnürung) zu berücksichtigen

$$\boxed{N_u = (A_{ck} - A_s)\, R_c + A_s R_s + \eta A_w R_{sw} = A'_{ck} R_c + A_s R_s + \eta A_w R_{sw}}\tag{7.5}$$

während die in Bruchnähe absplitternde Betonschale

$$\Delta A_c = A_c - A_{ck} \tag{7.6}$$

vernachlässigt wird. Allerdings hatte *O. Graf* bereits 1934 in seinen Schlussfolgerungen aus den Stuttgarter Säulenversuchen darauf hingewiesen (vgl. [7.5] S. 60), dass die Gl. (7.4) die Bruchlast verbügelter Stützen aus Beton höherer Festigkeit oder mit hochwertigem Bewehrungsstahl um etwa 5 % überschätzt.

In Erdbebengebieten (z.B. Süd- und Südosteuropa) muss die erforderliche Duktilität (Zähigkeit) der Stahlbetonstützen mit einer kräftigen Verbügelung gewährleistet werden. Als Folge davon wächst der Bügelanteil der Stützentraglast dann auf eine aus wirtschaftlichen Überlegungen nicht mehr vernachlässigbare Größe gemäß Gl. (7.5) an.

Von erheblicher Bedeutung für die Tragfähigkeit mittig gedrückter Stützen sind einige Einflüsse, die normalerweise (d.h. in den geltenden Normen) überhaupt keine Berücksichtigung finden [7.6]. So betrug das Verhältnis der Säulenfestigkeit ($h/d = 7,6$) zur Zylinderdruckfestigkeit ($h/d = 2$) des Betons nach Versuchen an der University of Illinois [7.7] unabhängig von der Größe der Zylinderdruckfestigkeit ($R_p = 14,9$ bis $57,4$ MN/m²) bei *feuchter* Lagerung im Mittel $R_c/R_p = 0,76$ für 34 Versuche und bei *lufttrockener* Lagerung i.M. $R_c/R_p = 0,86$ für 11 Versuche (0,85 bei 20 Parallelversuchen an der Lehigh University [7.8]). In Deutschland ermittelte *O. Graf* das Verhältnis der Säulenfestigkeit ($h/a = 4,0$) zur Würfeldruckfestigkeit des Betons ($R_w = 15,7$ bis $45,5$ MN/m²) bei *feuchter* Lagerung i.M. zu $R_c/R_w = 0,70$ für 35 Versuche [7.5] und bei *lufttrockener* Lagerung (für $R_w = 15,7$ bis $91,6$ MN/m²) i.M. zu $R_c/R_w = 0,81$ für 60 Versuche [7.9]. Dass die Feuchtlagerung in einer Nebelkammer zur Herabsetzung des Verhältnisses der Säulenfestigkeit zur Würfeldruckfestigkeit des Betons führt, wird auch durch neuere Versuche mit „Mini"-Stützen in München [7.10] eindeutig bestätigt (i.M. $R_c/R_w = 0,72$ für fünf Versuche).

Der Wirkungsgrad der Umschnürung schwankt in weiten Grenzen. Nach Versuchen an der University of Illinois [7.11] betrug $\eta = 1,03$ bis $2,95$ und nach *O. Graf* [7.5] in Stuttgart $\eta = 2,0$ bis $3,8$. Die Abhängigkeit des Wirkungsgrades der Umschnürung von der Betondruckfestigkeit, vom Längsbewehrungsgehalt und vom Verhältnis der Umschnürung zur Längsbewehrung (mindestens $A_w/A_s = 0,5$) sowie seine Verfälschung durch Kaltbiegung der Umschnürung (= Wendel) und durch Erreichen des Verfestigungsbereichs der Längsbewehrung [7.10] ist schon lange bekannt. Trotzdem muss man sich fragen, ob die Berücksichtigung solcher Feinheiten überhaupt zu rechtfertigen ist. Der Traglastanteil der Umschnürung kann nicht unmittelbar gemessen werden. Er wird vielmehr durch den Abzug der Kernbeton- und Längsbewehrungsanteile von der Traglast rechnerisch bestimmt. In Anbetracht der großen Schwankungen der Säulen- zur Würfel- bzw. Prismendruckfestigkeit des Betons ($0,7 < R_c/R_w < 0,9$) wäre es

Tabelle 7.4 Veränderung der Stahl- und Betonspannungen in Stahlbetonstützen bei lufttrockener Lagerung nach einem Jahr [7.7]

μ in %	σ_{s1}/σ_{so}	σ_{c1}/σ_{co}
1,57	2,6 – 3,8 (3,2)	0,66 – 0,77 (0,71)
3,98	1,7 – 2,7 (2,2)	0,34 – 0,65 (0,50)
5,94	1,8 – 2,4 (2,1)	0,42 – 0,66 (0,54)

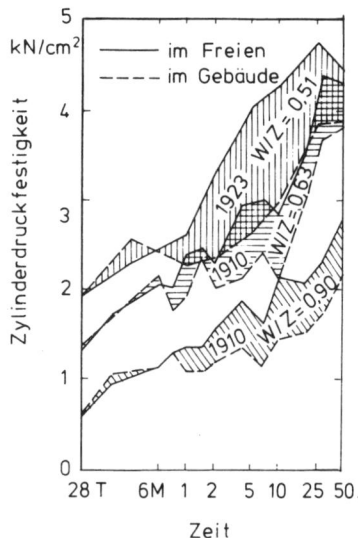

Bild 7.3: Zeitliche Entwicklung der Zylinderdruckfestigkeit von 50 Jahre altem Beton in den USA [7.12]

eine Illusion, einen „genaueren" Wert des Wirkungsgrades der Umschnürung durch Erfassen von Nebeneinflüssen bestimmen zu wollen. Man muss sich vernünftigerweise mit einem statistischen Mittelwert (z.B. $\eta = 2,5$) bescheiden, wie das schon früher üblich war.

Bei der Beurteilung der sogenannten Dauerstandfestigkeit des Betons sind zwei gegenläufige Einflüsse auseinander zu halten. Erstens verkleinert eine langfristige Lasteinwirkung die Tragfähigkeit des Betons [7.12], und zweitens wächst die Druckfestigkeit des Betons mit zunehmendem Alter [7.13] (Bild 7.3). Als Folge einer einjährigen Lasteinwirkung nahmen bei den Dauerlastversuchen der University of Illinois [7.7] die Stahlspannungen zu und die Betonspannungen ab. Für lufttrockene Lagerung wurden die Werte der Tabelle 7.4 gemessen. Nach einer weiteren Lasteinwirkung von $2\frac{1}{2}$ Jahren (insgesamt $3\frac{1}{2}$ Jahre) nahmen die Stahlspannungen nochmals um durchschnittlich 16 % zu. Diese Spannungsumlagerung infolge Schwindens und Kriechens des Betons hatte jedoch überhaupt keine Auswirkung auf die Bruchlasten. Letztere fielen sowohl bei feuchter als auch bei lufttrockener Lagerung für die ein Jahr lang belasteten und unbelasteten Säulen praktisch gleich groß aus ($N_{u1}/N_{uo} = 0,89$ bis $1,16$; im Mittel $1,00$). 32 Säulen, die erst nach sechsjähriger Lasteinwirkung geprüft wurden, zeigten ebenfalls keine Auswirkung der Lastdauer auf die Bruchlasten [7.12].

7.2 Wirklichkeitsnahes Bemessungsverfahren

7.2.1 Unbewehrte Stützen

Die Bruchlast gedrungener unbewehrter Stützen beträgt

$$N_u = A_c R_c \qquad (7.7)$$

Das Verhältnis der Säulenfestigkeit zur Würfeldruckfestigkeit (Kantenlänge 20 cm) bzw. Prismen- oder Zylinderdruckfestigkeit (Durchmesser 15 cm und Höhe 30 cm) kann in Abhängigkeit von der Lagerungsfeuchtigkeit [7.6] im Mittel zu

Lagerung	R_c/R_w	R_c/R_p
feucht	0,70	0,75
an der Luft	0,80	0,85

angenommen werden. Die Übereinstimmung von Rechnung und Messung (Bild 7.4) ist sehr befriedigend.

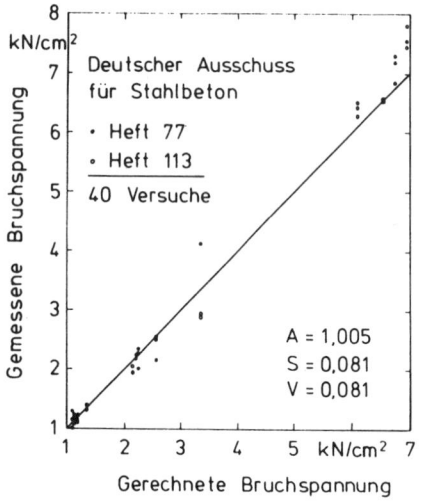

Bild 7.4: *Bruchspannung mittig gedrückter unbewehrter Betonstützen nach Messung und Rechnung [7.6]*

7.2.2 Verbügelte Stützen

Eine neue Nachrechnung der Stuttgarter Säulenversuche des Jahres 1934 [7.5] zeigt (Bild 7.5), dass die Tragfähigkeit gedrungener verbügelter Stahlbetonstützen mit der Gl. (7.4) zutreffend vorausgesagt wird. Das arithmetische Mittel (= 50%-Fraktile) des Verhältnisses von Messung zu Rechnung liegt bei 97 % des Rechenwerts und die für die Bemessung maßgebende untere Schranke (= 5%-Fraktile) bei 91 %. Die Hauptparameter dieser Versuche (Bild 7.6, s. S. 78) schwankten in den Grenzen:

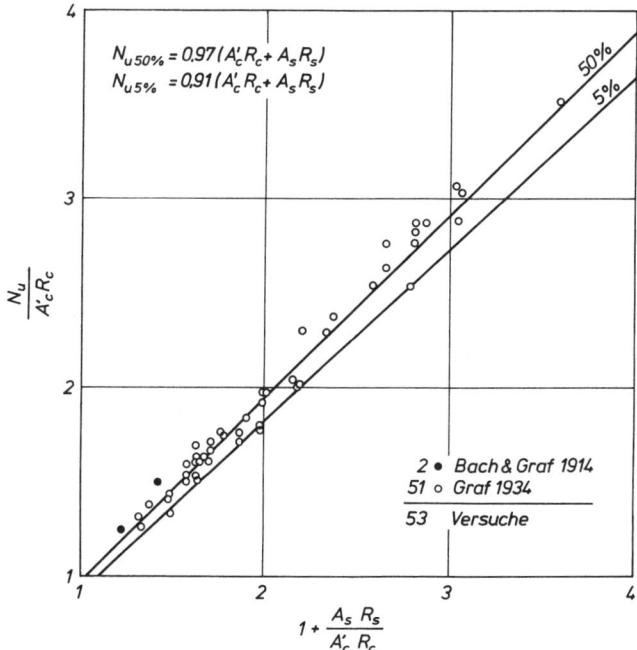

Bild 7.5: Bruchlast mittig gedrückter verbügelter Stahlbetonstützen nach Messung und Rechnung

R_w = 15,6 bis 32,0 MN/m²
R_s = 239 bis 383 N/mm²
$\mu = A_s/A_c$ = 2,77 bis 7,27 %
$\mu_w = A_w/A_c$ = 0,134 bis 0,405 %

7.2.3 Umschnürte Stützen

Die neue Nachrechnung der Stuttgarter Säulenversuche des Jahres 1934 [7.5] zeigt (Bild 7.7), dass die Tragfähigkeit gedrungener umschnürter Stahlbetonstützen mit der Gl. (7.5) ebenfalls zutreffend vorausgesagt wird. Das arithmetische Mittel (= 50%-Fraktile) des Verhältnisses von Messung zu Rechnung liegt bei 105 % des Rechenwerts und die für die Bemessung maßgebende untere Schranke (= 5%-Fraktile) bei 89 %. Die Hauptparameter dieser Versuche (Bild 7.8) lagen in den Grenzen:
R_w = 17,3 bis 45,1 MN/m²
R_s = 263 bis 387 N/mm²
R_{sw} = 193 bis 394 N/mm²
$\mu = A_s/A_c$ = 2,7 bis 7,7 %
$\mu_w = A_w/A_c$ = 2,7 bis 4,0 %

Mittiger Druck

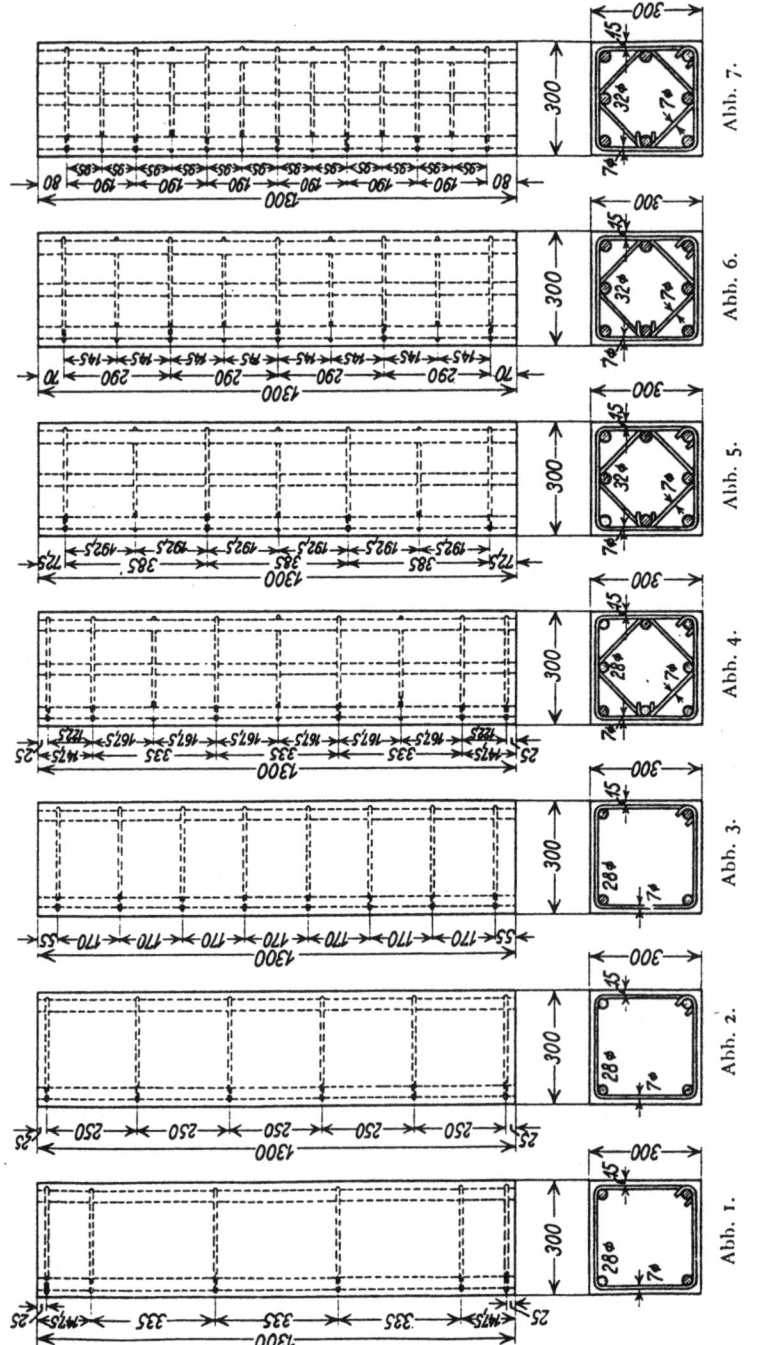

Bild 7.6: Abmessungen und Bewehrung der verbügelten Stahlbetonstützen von O. Graf [7.5] in Stuttgart 1934 (Versuche Reihe I)

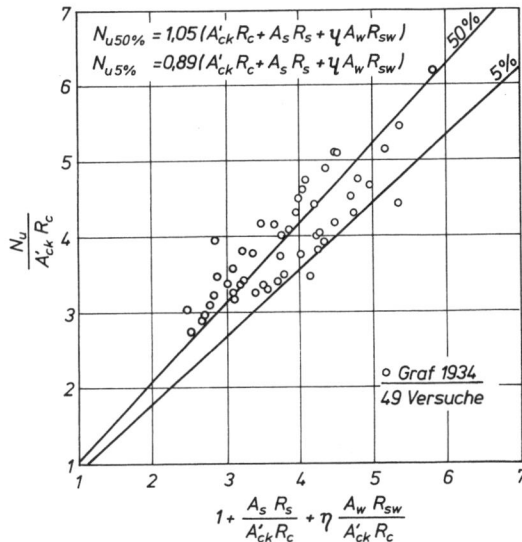

Bild 7.7: *Bruchlast mittig gedrückter umschnürter Stahlbetonstützen nach Messung und Rechnung*

7.2.4 Langfristige Lasteinwirkungen

Die Spannungsumlagerung infolge Schwindens und Kriechens des Betons hat überhaupt keine Auswirkung auf die Bruchlasten der Stahlbetonstützen. Der Verformungsmodul des Betons nimmt allerdings erheblich ab [7.6]:

Lagerung	E_{c1}/E_{c0} nach 1 Jahr
feucht	0,80
an der Luft	0,25

7.2.5 Formänderung

7.2.5.1 Gebrauchszustand

Bei Einhaltung der gegenwärtig üblichen Sicherheitsbeiwerte betragen die Säulenverkürzungen im Gebrauchszustand

$$\varepsilon = \frac{N}{A'_c E_c + A_s E_s} \approx \frac{\sigma_c}{E_c} \approx \frac{R_e}{3\,E_c} \tag{7.8}$$

also für verbügelte Stützen höchstens 0,3 ‰ und für umschnürte Stützen höchstens 0,7 ‰.

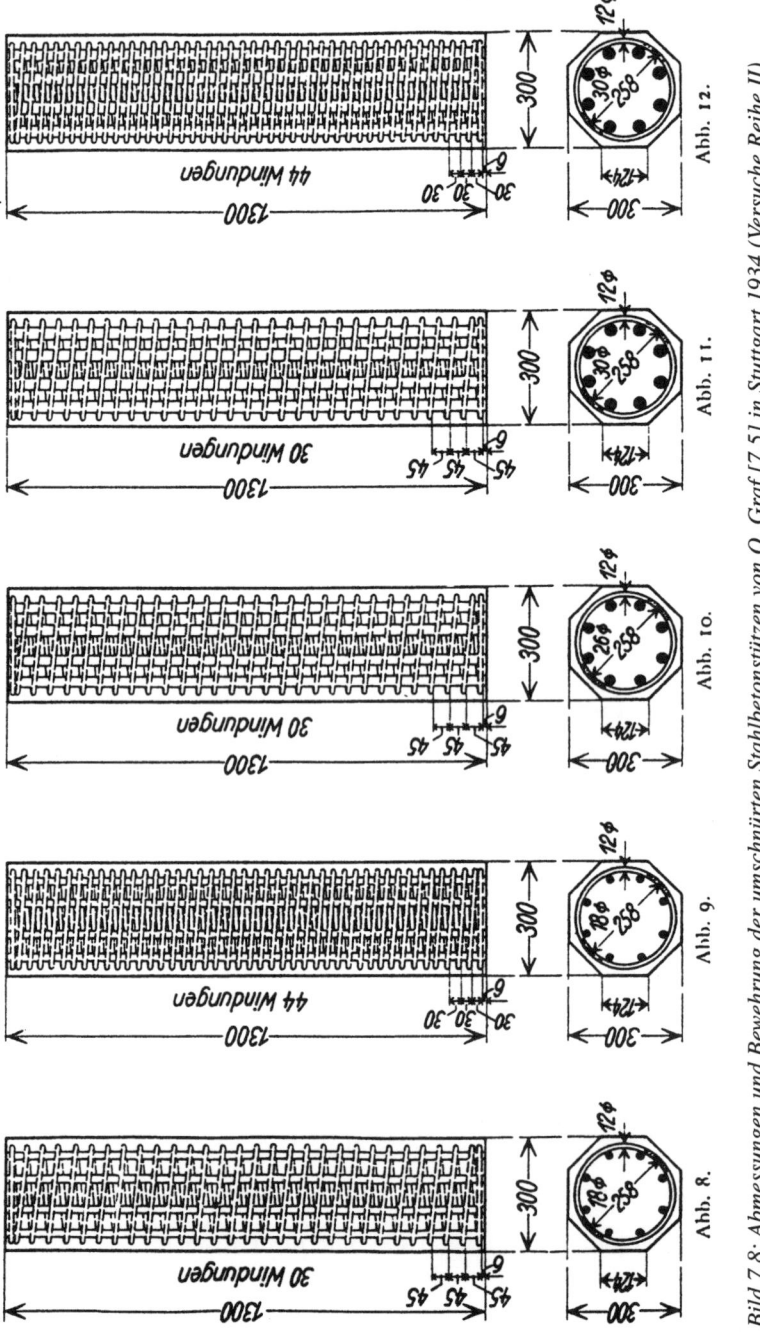

Bild 7.8: Abmessungen und Bewehrung der umschnürten Stahlbetonstützen von O. Graf [7.5] in Stuttgart 1934 (Versuche Reihe II)

7.2.5.2 Bruchzustand

Die Säulenverkürzung beim Erreichen der Bruchlast beträgt bei verbügelten Stützen etwa $\varepsilon_u = 2\,\permil$ und bei umschnürten Stützen etwa 15 bis 35 ‰ [7.6]. Daraus folgt, dass die Duktilität (Verhältnis der Formänderung beim Bruch zur derjenigen an der Elastizitätsgrenze)

$$D = \frac{\varepsilon_u}{\varepsilon_{el}} \qquad (7.9)$$

bei verbügelten Stützen etwa $D = 7$ und bei umschnürten Stützen etwa $D = 20$ bis 50 beträgt. Eine große Duktilität gewährleistet bei Erdbeben eine große Energieabsorption [7.14]. Bei Bauwerken in Erdbebengebieten ist daher die Umschnürung der Stahlbetonstützen unumgänglich.

7.3 Versuchsnachrechnungen

Es werden drei gedrungene (nicht knickgefährdete) Stützen mit den größten bisher geprüften Abmessungen ausführlich nachgerechnet.

7.3.1 Verbügelte Stützen mit schwacher Längsbewehrung

Für die Abmessungen der Stützen nach Abb. 4 in [7.15]
$b = d = 40$ cm $\qquad L = 250$ cm
$R_w = 20{,}5$ bis $24{,}8$ MN/m² (im Mittel 22,5 MN/m²)
$R_c = 0{,}8 \cdot 22{,}5 = 18{,}0$ MN/m² (gemessen 17,3 MN/m²)
$A_c = 40^2 = 1600$ cm²
$A_s = 8\,\varnothing\,16 = 16{,}1$ cm² ($\mu = 1{,}00\,\%$) $\qquad R_s = 377$ N/mm²
$A_s = 8\,\varnothing\,22 = 30{,}5$ cm² ($\mu = 1{,}91\,\%$) $\qquad R_s = 377$ N/mm²
Umschnürung $\varnothing\,5$, $\qquad g = 7{,}0$ cm $\to A_w = 4{,}0$ cm²
beträgt die Tragfähigkeit unter mittigem Druck nach Gl. (7.4) unter Berücksichtigung des Kalibrierungsbeiwerts $K_{50\%} = 0{,}97$ (vgl. Abschnitte 2 und 7.2.2)

$N_u^R = 0{,}97\,(0{,}1584 \cdot 18{,}0 + 0{,}00161 \cdot 377) = 3{,}354$ MN ($= 99\,\%$) bzw.
$N_u^R = 0{,}97\,(0{,}1584 \cdot 18{,}0 + 0{,}00305 \cdot 377) = 3{,}881$ MN ($= 96\,\%$),

während im Versuch die Werte $N_u^V = 3{,}383$ MN ($= 100\,\%$) bzw.
$N_u^V = 4{,}047$ MN ($= 100\,\%$) gemessen wurden.

7.3.2 Verbügelte Stützen mit starker Längsbewehrung

Für die Abmessungen der Stütze HS 0 [7.16]
$b = d = 20$ cm $\qquad L = 250$ cm
$R_w = 52{,}7$ MN/m² $\qquad R_c = 0{,}8 \cdot 52{,}7 = 42{,}2$ MN/m²
$A_c = 20^2 = 400$ cm²
$A_s = 8\,\varnothing\,32 = 64{,}4$ cm² ($\mu = 16{,}1\,\%$) $\qquad R_s = 617$ N/mm²
$\varnothing\,5, g = 8$ cm $\to A_w = 1{,}62$ cm² $\qquad R_{sw} = 235$ N/mm²

beträgt die Traglast unter mittigem Druck nach Gl. (7.4) mit dem Kalibrierungsbeiwert $K_{50\%} = 0{,}97$ (vgl. Abschnitte 2 u. 7.2.2).

$N_u^R = 0{,}97\,(0{,}03356 \cdot 42{,}2 + 0{,}00644 \cdot 617) = 5{,}227$ MN (= 105 %), während im Versuch der Wert $N_u^V = 5{,}00$ MN (= 100 %) gemessen wurde.

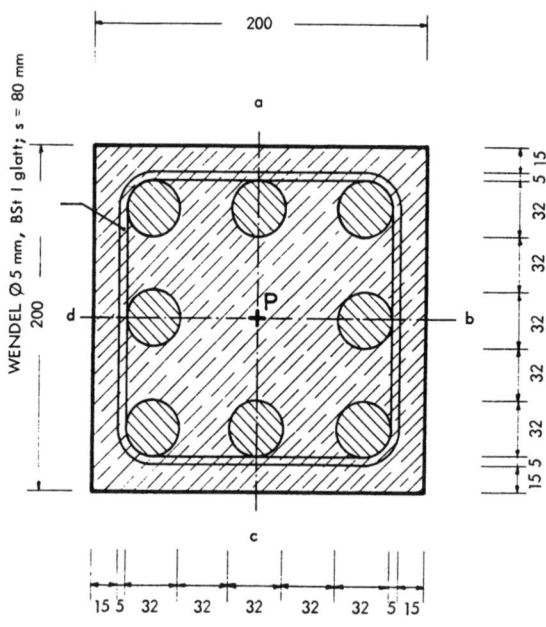

Bild 7.9: *Querschnitt der mittig gedrückten verbügelten Stahlbetonstütze HS 0 mit sehr starker Längsbewehrung ($\mu = 16{,}1$ % und $R_s = 617$ N/mm²) von F. Leonhardt und K.T. Teichen [7.16] in Stuttgart 1972*

7.3.3 Umschnürte Stützen

Die beiden größten an der University of Illinois geprüften Stützen der Serie 5 besaßen folgende Abmessungen [7.11]:

$\varnothing_k = 28" = 71{,}1$ cm $\qquad A_{ck} = 0{,}3973$ m²
$R_c = 1810$ psi $= 12{,}47$ MN/m²
$\mu = 3{,}28$ % $\rightarrow A_s = 130{,}3$ cm² $\qquad R_s = 45{,}3$ ksi $= 312$ N/mm²
$\mu_w = 1{,}00$ % $\rightarrow A_w = 39{,}73$ cm² $\qquad R_{sw} = 41{,}3$ ksi $= 284$ N/mm²

Die rechnerische Tragfähigkeit ergibt sich nach Gl. (7.5) mit
$\eta = 2{,}5$ und dem Kalibrierungsbeiwert $K_{50\%} = 1{,}05$ (vgl. Abschnitte 2 und 7.2.3) zu
$N_u^R = 1{,}05\,(0{,}3843 \cdot 12{,}47 + 0{,}01303 \cdot 312 + 2{,}5 \cdot 0{,}003973 \cdot 284) =$
$\quad = 12{,}28$ MN (= 106 %)

Die bemessenen Bruchlasten betrugen im Versuch
a: N_u^V = 2560 kips = 11,61 MN
b: N_u^V = 2526 kips = 11,48 MN
und im Mittel 11,55 MN (= 100 %).

7.4 Bemessungsbeispiele

7.4.1 Verbügelte Quadratstütze

Normalkraft $N = G + P = 1,95 + 1,05 = 3,00$ MN
Lastbeiwerte $\gamma_g = 1,35 \quad \gamma_p = 1,50$
$\gamma_L N = 1,35 \cdot 1,95 + 1,50 \cdot 1,05 = 4,21$ MN
Beton B 45: $R_c = 0,8 \cdot 45 = 36$ MN/m²
Betonstahl BSt 500/550: $R_s = 500$ N/mm²
Widerstandsbeiwerte $\gamma_s = 1,15 \quad \gamma_c = 1,50$
rechnerische Festigkeiten

$R'_c = \dfrac{36}{1,50} = 24$ MN/m² $\quad R'_s = \dfrac{500}{1,15} = 435$ N/mm²

Kalibrierungsbeiwert $K_{5\%} = 0,91$ (vgl. Abschnitte 2 und 7.2.2)

geschätzte Längsbewehrung $\mu = \dfrac{A_s}{A_c} = 2,0$ %

erforderlicher Betonquerschnitt nach Gl. (7.4)

$A'_c = \dfrac{\gamma_L N}{K(R'_c + \mu R'_s)} = \dfrac{4,21}{0,91\,(24 + 0,02 \cdot 435)} = 0,1415$ m²

gewählter Stützenquerschnitt $\quad b = d = 38$
$\qquad\qquad\qquad\qquad\qquad A_c = 0,38^2 = 0,1444$ m²
erforderliche Längsbewehrung $A_s = 0,02 \cdot 1444 = 28,9$ cm²
gewählte Längsbewehrung $\quad A_s = 8\,\varnothing\,22 = 30,5$ cm²
rechnerische Tragfähigkeit nach Gl. (7.4) unter Beachtung des Kalibrierungsbeiwerts
$K_{5\%} = 0,91$ (vgl. Abschnitte 2 und 7.2.2)
$N_u^R = 0,91\,(0,1413 \cdot 24 + 0,00305 \cdot 435) = 4,293$ MN $> \gamma_L N = 4,21$ MN

Nach DIN 1045 (1988) mit $\beta_R = 27$ MN/m² und $\sigma_{su} = 420$ N/mm² beträgt
zul $N = \dfrac{1}{2,1}\,(27 \cdot 0,38^2 + 420 \cdot 0,00305) = 2,47$ MN $< 3,00$ MN

Nach EC 2 mit C 40/50 und $\sigma_{Sd} = 400$ N/mm² beträgt
$N_{Sd} = 0,85 \cdot \dfrac{40}{1,50} \cdot 0,38^2 + 400 \cdot 0,00305 = 4,50$ MN $> 4,21$ MN

Mittiger Druck

7.4.2 Umschnürte Rundstütze

Gleiche Lasten und Baustoffgüten wie im Beispiel 7.4.1
geschätzte Längsbewehrung $\mu = 4{,}0\ \%$
geschätzte Umschnürung $\quad \mu_w = 2{,}0\ \%\quad R_{sw} = 235\ \text{N/mm}^2$

$$R'_{sw} = \frac{235}{1{,}15} = 204\ \text{N/mm}^2$$

Kalibrierungsbeiwert $K_{5\%} = 0{,}89$ (vgl. Abschnitte 2 und 7.2.3)
erforderlicher Betonquerschnitt nach Gl. (7.5) mit $\eta = 2{,}5$

$$A'_{ck} = \frac{\eta N}{K(R'_c + \mu R'_s + \eta \mu_w R'_{sw})} = \frac{4{,}21}{0{,}89\ (24 + 0{,}04 \cdot 435 + 2{,}5 \cdot 0{,}02 \cdot 204)} = 0{,}0917\ \text{m}^2$$

gewählter Betonquerschnitt: $\quad$ Kern Ø 35 cm, außen Ø 40 cm

$$A'_{ck} = \frac{\pi}{4} \cdot 0{,}35^2 = 0{,}0963\ \text{m}^2$$

erforderliche Längsbewehrung $\quad A_s = 0{,}04 \cdot 963 = 38{,}5\ \text{cm}^2$

gewählte Längsbewehrung $\quad A_s = 8\ \text{Ø}\ 24 = 36{,}3\ \text{cm}^2$

erforderliche Umschnürung $\quad A_w = \dfrac{0{,}02 \cdot 963}{2{,}5} = 19{,}3\ \text{cm}^2$

rechnerischer Wendelumfang $\quad u = \pi \cdot 35 = 110\ \text{cm}$

$$A'_w = \frac{A_w}{u} = \frac{19{,}3}{1{,}10} = 17{,}5\ \text{cm}^2/\text{m}$$

gewählte Umschnürung Ø 10, $g = 5{,}0$ cm $\quad A'_w = 15{,}7\ \text{cm}^2/\text{m}$

rechnerische Tragfähigkeit nach Gl. (7.5) unter Beachtung des Kalibrierungsbeiwerts $K_{5\%} = 0{,}89$ (vgl. Abschnitte 2 und 7.2.3)

$N_u^R = 0{,}89\ (0{,}0963 \cdot 24 + 0{,}00363 \cdot 435 + 2{,}5 \cdot 1{,}10 \cdot 0{,}00157 \cdot 204)$
$\quad\ = 4{,}24\ \text{MN} > \eta N = 4{,}21\ \text{MN}$

Die DIN 1045 (Abschn. 17.3.2) liefert mit zul N

$= \dfrac{1}{2{,}1}\ [27 \cdot \dfrac{\pi}{4} \cdot 0{,}40^2 + 420 \cdot 0{,}00363 + 1{,}80 \cdot 0{,}00173 \cdot 235 - (0{,}1257 - 0{,}0963) \cdot 27]$

$= \dfrac{1}{2{,}1}\ [3{,}39 + 1{,}52 + 0{,}73 - 0{,}79] = \dfrac{4{,}85}{2{,}1} = 2{,}31\ \text{MN} < 3{,}00\ \text{MN}$

wiederum eine zu kleine Tragfähigkeit.

7.5 Folgerungen

Die Ergebnisse der Versuchsnachrechnungen zeigen eindrücklich, dass die Bemessung beliebiger mittig gedrückter und gedrungener Stahlbetonstützen (gleich ob verbügelt oder umschnürt) mit dem wirklichkeitsnahen Verfahren des Abschnitts 7.2 ausreichend genau erfolgen kann, selbst dann, wenn extreme Verhältnisse (wie Längsbewehrung $\mu = 16{,}1\ \%$ oder Stützenkerndurchmesser $Ø_k = 28" = 71{,}1$ cm) vorliegen. Die Bemessungsbeispiele erläutern anschaulich die einfache Handhabung des Bemessungsvorgangs und beweisen die größere Wirtschaftlichkeit gegenüber der DIN 1045 (1988).

Literatur

[7.1] Considère, A.: Résistance à la compression du béton armé et du béton fretté. Le Génie Civil 42 (1902-03) S. 5-7, 20-24, 38-40, 58-60, 72-74 und 82-86
[7.2] Bach, C.: Druckversuche mit Eisenbetonkörpern. VDI-Mitteilungen über Forschungsarbeiten, H. 29, S. 1-49. Springer, Berlin 1905
[7.3] Mörsch, E.: Der Eisenbetonbau, 4. Aufl. Wittwer, Stuttgart 1912
[7.4] Saliger, R.: Versuche über den Wert verschiedener Querbewehrungen bei Betonsäulen. Armierter Beton 8 (1915) S. 132-138
[7.5] Graf, O.: Versuche mit Eisenbetonsäulen. Deutscher Ausschuss für Eisenbeton, H. 77. Ernst & Sohn, Berlin 1934
[7.6] Herzog, M.: Tragfähigkeit von Stahlbetondruckgliedern nach Versuchen. Bauingenieur-Praxis, H. 48. Ernst & Sohn, Berlin 1978
[7.7] Richart, F.E. und Staehle, G.S.: Progress reports on column tests at the University of Illinois. ACI Journal 27 (1930/31) S. 731-790 sowie 28 (1931/32) S. 167-175 und 279-315
[7.8] Slater, W.A., Kreidler, C.L. und Lyse, I.: Progress reports on column tests at Lehigh University. ACI Journal 27 (1930/31) S. 677-730 und 791-835 sowie 28 (1931/32) S. 159-166 und 317-346 sowie 29 (1932/33) S. 433-442
[7.9] Graf, O.: Festigkeit und Elastizität von Beton mit hoher Festigkeit. Deutscher Ausschuss für Stahlbeton, H. 113, Teil IV, S. 57-68. Ernst & Sohn, Berlin 1954
[7.10] Rüsch, H. und Stöckl, S.: Versuche an wendelbewehrten Stahlbetonsäulen unter kurz- und langzeitig wirkenden zentrischen Lasten. Deutscher Ausschuss für Stahlbeton, H. 205. Ernst & Sohn, Berlin 1969
[7.11] Richart, F.E. und Brown, R.L.: An investigation of reinforced concrete columns. Bulletin 267, Engg. Exp. Station, University of Illinois, Urbana 1934
[7.12] Richart, F.E. und Heitman, R.H.: Tests of reinforced concrete columns under sustained loading. ACI Journal 35 (1938/39) S. 33-40
[7.13] Washa, G.W. und Wendt, K.F.: Fifty year properties of concrete. ACI Journal 71 (1975) No. 1, S. 20-28
[7.14] Herzog, M.: Die Beanspruchung von Bauwerken durch Erdbeben nach Rechnung und Messung. Bautechnik 54 (1977) S. 196-199
[7.15] Bach, C. und Graf, O.: Versuche mit bewehrten und unbewehrten Betonkörpern, die durch zentrischen und exzentrischen Druck belastet wurden. Forschungsarb. auf d. Gebiete d. Ing.-wesens, H. 166-169. VDI-Verlag, Berlin 1914
[7.16] Leonhardt, F. und Teichen, K.T.: Stahlbetonstützen mit hochfestem Stahl St 90. Deutscher Ausschuss für Stahlbeton, H. 222, S. 63-87. Ernst & Sohn, Berlin 1972

8 Ausmittiger Druck

8.1 Geschichtliche Entwicklung

Die Bemessung ausmittig gedrückter Stützen beruhte schon immer auf der Kombination der Bemessung mittig gedrückter Stützen mit jener auf Biegung (Bild 8.1).

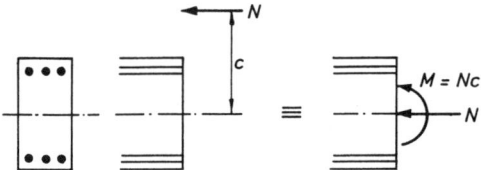

Bild 8.1: *Ersatz der ausmittigen Druckkraft durch eine mittige Druckkraft und ein Biegemoment*

1914 zeigten die klassischen Versuche von *C. Bach* und *O. Graf* [8.1], dass das aufnehmbare Biegemoment durch eine gleichzeitig wirkende Druckkraft erheblich gesteigert werden kann (Bild 8.2).

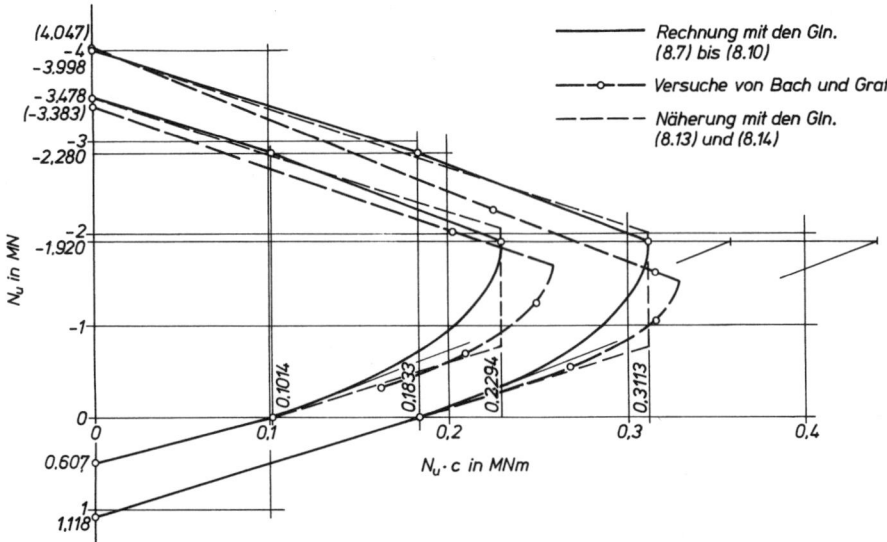

Bild 8.2: *Tragfähigkeit symmetrisch bewehrter, quadratischer Stahlbetonstützen unter ausmittigem Druck nach den Versuchen von C. Bach und O. Graf [8.1] im Vergleich mit theoretischen Voraussagen*

Beim inzwischen überholten n-Verfahren von E. Coignet und N. de Tedesco [3.3] in der berichtigten Fassung von P. Christophe [3.4] musste für den Spannungsnachweis eine komplizierte kubische Gleichung gelöst werden. Zur Vermeidung der sonst erforderlichen Iteration hatte E. Friedrich [8.2] 1933 ein praktisches Diagramm veröffentlicht und E. Mörsch [8.3] gezeigt, wie die Bemessung ausmittig gedrückter Stahlbetonquerschnitte vereinfacht werden kann. Nach Bild 8.3 ergibt sich aus Identitätsgründen das Moment M_e (in Höhe der Zugbewehrung) bzw. M'_e (in Höhe der Druckbewehrung) zu

$$M_e = M + N \cdot e = D_b \left(h - \frac{x}{3}\right) + D'_e (h - h') \qquad (8.1a)$$

$$M'_e = M - N \cdot e' = Z_e (h - h') - D_b \left(\frac{x}{3} - h'\right) \qquad (8.1b)$$

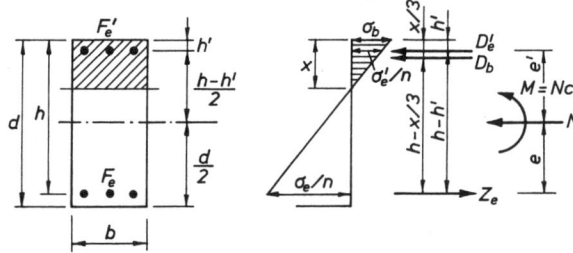

Bild 8.3: *Spannungen des durch ein Biegemoment und eine mittige Normalkraft belasteten doppelt bewehrten Rechteckquerschnitts*

Die praktische Bemessung ausmittig gedrückter Stahlbetonquerschnitte mit dem inzwischen überholten n-Verfahren konnte dabei mit Diagrammen [8.3], [8.4] oder weniger anschaulich mit Zahlentafeln ([8.5] bis [8.7]) erfolgen.

1935 befasste sich A. Brandtzaeg [8.8] erstmals mit der Tragfähigkeit ausmittig gedrückter Stahlbetonquerschnitte aufgrund von 13 Säulenversuchen. Im Falle von Druckversagen führten seine Untersuchungen auf reichlich verwickelte Formulierungen, weil er von der Bruchstauchung des Betons gemäß Gl. (3.7) ausging. 1937 zeigt C.S. Whitney [3.11], dass die Tragfähigkeit ausmittig gedrückter Stahlbetonstützen mit einem plastischen Berechnungsverfahren ohne Beachtung der Querschnittsdehnungen zutreffender vorausgesagt werden kann als mit dem elastischen n-Verfahren. Für die 46 Versuche von C. Bach und O. Graf [8.1] erhielt er das Verhältnis von Messung zu Rechnung im Mittel zu $A = 1{,}007$ bei einer Streuung (Standardabweichung) von nur $S = 0{,}031$.

1953 veröffentlichte A. Pucher ([8.4] 2. Aufl.) Bemessungsdiagramme, welche denjenigen für das inzwischen aufgegebene n-Verfahren entsprachen, aber von den Grenzdehnungen der österreichischen Stahlbetonnorm Önorm B 4200, Teil 4

Beton B 16	$\varepsilon_c = 1{,}5\,‰$	
Beton B 22,5; B 30 und B 40	$\varepsilon_c = 2{,}0\,‰$	
Betonstahl BSt I	$\varepsilon_s = 1{,}7\,‰$	und $R_s = 240$ N/mm²
Betonstahl BSt II	$\varepsilon_s = 2{,}2\,‰$	$R_s = 340$ N/mm²
Torstahl 40	$\varepsilon_s = 4{,}0\,‰$	$R_s = 420$ N/mm²
Baustahlgitter	$\varepsilon_s = 4{,}4\,‰$	$R_s = 500$ N/mm²
Torstahl 60	$\varepsilon_s = 5{,}4\,‰$	$R_s = 600$ N/mm²

Ausmittiger Druck

ausgingen. Diese unterscheiden sich geringfügig von den Grenzdehnungen der DIN 1045 des Jahres 1972:

Beton B 15 bis B 55 $\quad \varepsilon_c = 3{,}5\,\text{‰}$
(bei mittigem Druck nur $\varepsilon_c = 2{,}0\,\text{‰}$)
Betonstahl BSt 220/340 ⎫
Betonstahl BSt 420/500 ⎬ $\varepsilon_s = 5{,}0\,\text{‰}$
Betonstahl Bst 500/550 ⎭

Für diese Grenzdehnungen wurden 1972 von *E. Grasser* [8.9] verschiedene Bemessungsdiagramme bereitgestellt.

8.2 Wirklichkeitsnahes Bemessungsverfahren

Nachdem bereits die ersten Versuchsnachrechnungen von *C.S. Whitney* [3.11] im Jahr 1937 erkennen ließen, dass die Tragfähigkeit von Stahlbetonquerschnitten unter ausmittigem Druck auch ohne Beachtung der Querschnittsdehnungen ausreichend genau berechnet werden kann, soll im Folgenden von dieser erheblichen Vereinfachung Gebrauch gemacht werden.

8.2.1 Rechteckquerschnitte unter einachsig ausmittigem Druck

Der ausmittige Druck N kann stets durch den mittigen Druck N und das Biegemoment $M = Nc$ ersetzt werden (Bild 8.1). Mit den Bezeichnungen des Bildes 8.4 gilt – unter Beschränkung auf den Grundfall einer symmetrischen Bewehrung ($A_s = A'_s$) – die Gleichung

$$M = Nc = R_s A_s (h - h') + \frac{2}{3} R_c b x \left(\frac{d}{2} - \frac{3x}{8}\right) \tag{8.2}$$

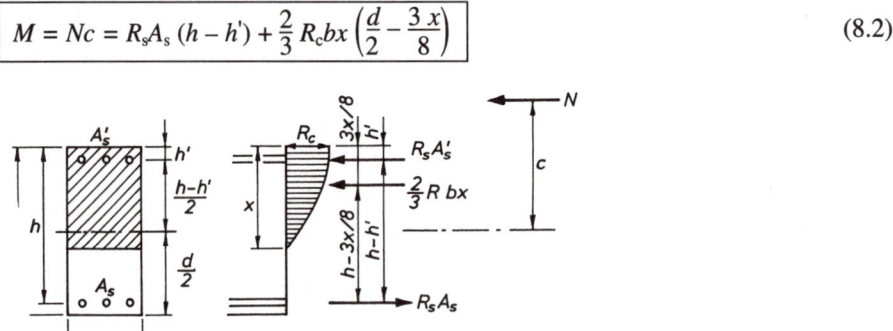

Bild 8.4: Symmetrisch bewehrter Rechteckquerschnitt unter einachsig ausmittigem Druck

Mit ihrer Hilfe lassen sich bereits die Eckwerte der Interaktion von Normalkraft und Biegemoment im Diagramm des Bildes 8.5 berechnen:

a) Tragfähigkeit unter mittigem Druck

$M_a = 0$ \hfill (8.3a)

$N_a = 2\,R_s A_s + R_c bd$ \hfill (8.3b)

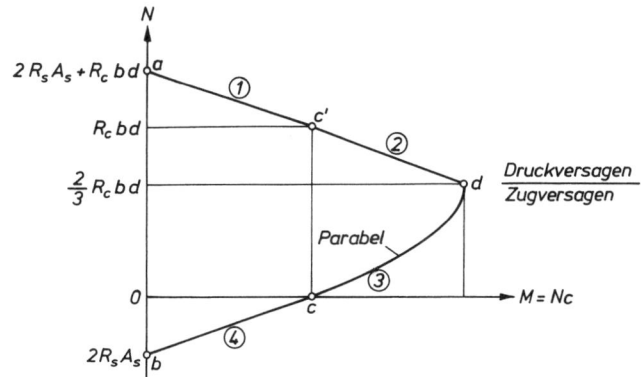

Bild 8.5: *Interaktionsdiagramm für einen symmetrisch bewehrten Rechteckquerschnitt unter ausmittigem Druck*

b) Tragfähigkeit unter mittigem Zug

$M_b = 0$ (8.4a)

$N_b = 2\,R_s A_s$ (8.4b)

c) Tragfähigkeit unter reiner Biegung

$M_c = R_s A_s (h - h')$ (8.5a)

$N'_c = R_c b d$ (8.5b)

$N_c = 0$ (8.5c)

d) größtes aufnehmbares Biegemoment für $x = \frac{2}{3} d$

$M_d = R_s A_s (h - h') + \dfrac{R_c b d^2}{9}$ (8.6a)

$N_d = \dfrac{2}{3} R_c b d$ (8.6b)

Zur Bemessung kann zwischen den obigen Eckwerten linear bzw. parabolisch interpoliert werden.

a) Bereich ①: $N_a > N_u > N'_c$ und $0 < M_u < M'_c$ (Druckversagen)

$N_u = R_c b d + 2\,R_s A_s \left[1 - \dfrac{N_u c}{R_s A_s (h - h')}\right] = R_c b d + 2\,R_s A_s - \dfrac{2\,N_u c}{h - h'}$

$N_u \left(1 + \dfrac{2\,c}{h - h'}\right) = R_c b d + 2\,R_s A_s$

$N_u = \dfrac{R_c b d + 2\,R_s A_s}{1 + \dfrac{2\,c}{h - h'}}$ (8.7)

Ausmittiger Druck

b) Bereich ②: $N'_c > N_u > N_d$ und $M'_c < M_u < M_d$ (Druckversagen)

$$N_u = R_c bd \left(1 - \frac{3 N_u c}{R_c bd^2}\right)$$

$$N_u + 3 N_u \frac{c}{d} = R_c bd$$

$$N_u = \frac{R_c bd}{1 + 3\frac{c}{d}} \tag{8.8}$$

c) Bereich ③: $N_d > N_u > 0$ und $M_c < M_u < M_d$ (Zugversagen)

$$N_u = \frac{2}{3} R_c bd \left(1 - 3\sqrt{\frac{M_d - N_u c}{R_c bd^2}}\right)$$

$$= \frac{2}{3} R_c bd \left[1 - 3\sqrt{\frac{R_s A_s (h - h') - N_u c}{R_c bd^2} + \frac{1}{9}}\right] \tag{8.9}$$

Diese Gleichung wird am einfachsten durch Iteration gelöst.

d) Bereich ④: $0 < N_u < N_b$ (Zug) und $M_c > M_u > 0$ (Zugversagen)

$$N_u = 2 R_s A_s \left[1 - \frac{N_u c}{R_s A_s (h - h')}\right]$$

$$= 2 R_s A_s - \frac{2 N_u c}{h - h'}$$

$$N_u \left(1 + \frac{2 c}{h - h'}\right) = 2 R_s A_s$$

$$N_u = \frac{2 R_s A_s}{1 + \frac{2 c}{h - h'}} \tag{8.10}$$

Mit den Gln. (8.7) bis (8.10) gelingt die Bemessung symmetrisch bewehrter Rechteckquerschnitte unter ausmittigem Druck oder Zug in allgemeinster Form.

Wie *M. Herzog* [8.10] bereits 1962 gezeigt hat, besteht eine mögliche Vereinfachung der Bemessung symmetrisch bewehrter Rechteckquerschnitte darin, dass der Hebelarm der inneren Kräfte näherungsweise

$$z = h - h' \tag{8.11}$$

gesetzt und die Lastausmitte auf die Zugbewehrung

$$\boxed{e = c + \frac{h - h'}{2}} \tag{8.12}$$

bezogen wird. Bei *Druck*versagen (kleine Ausmitte $e < h - h'$) beträgt die Tragfähigkeit dann

$$\boxed{N_u = (2 R_s A_s + R_c bd) \frac{h - h'}{2 e} < R_s A_s \frac{h - h'}{c} + \frac{R_c bd^2}{9c}} \tag{8.13}$$

und bei *Zug*versagen (große Ausmitte $e > h - h'$)

$$N_u = R_s A_s \frac{z}{e-z} < R_s A_s \frac{h-h'}{c} + \frac{R_c b d^2}{9c} \qquad (8.14)$$

Die Genauigkeit dieser ganz einfachen Näherungsberechnung ist selbstverständlich geringer (Bild 8.2) als nach den Gln. (8.7) bis (8.10), sie genügt aber für Vorbemessungen und Kontrollen. Ihr großer Vorteil liegt darin, dass die Gln. (8.13) und (8.14) leicht zu merken sind.

8.2.2 Kreisförmige Querschnitte unter einachsig ausmittigem Druck

Weil die genauen Formeln kompliziert sind, kann näherungsweise entweder der Kreisquerschnitt durch ein flächengleiches Quadrat (Bild 8.6) ersetzt oder der Hebelarm der inneren Kräfte gleich dem halben Kreisdurchmesser

$$z = \frac{d}{2} \qquad (8.15)$$

gesetzt werden.

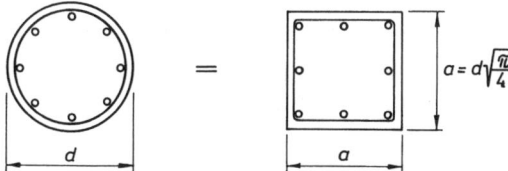

Bild 8.6: *Ersatz des Kreisquerschnitts durch ein flächengleiches Quadrat*

8.2.3 Rechteckquerschnitte unter zweiachsig ausmittigem Druck

Werden Tragfähigkeiten unter zweiachsiger Ausmitte mit

$$M_{ux} = N_u c_x \qquad (8.16a)$$
$$M_{uy} = N_u c_y \qquad (8.16b)$$

auf die Tragfähigkeiten unter einachsiger Ausmitte N_{ux}^o und N_{uy}^o bezogen, so liefert die lineare Interaktion (Bild 8.7)

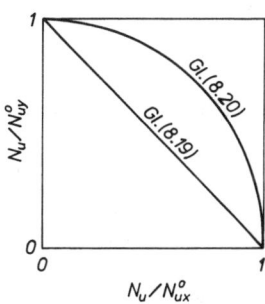

Bild 8.7: *Interaktion der Traglasten in Stahlbetonrechteckquerschnitten unter zweiachsig ausmittigem Druck*

Ausmittiger Druck

$$\boxed{\frac{N_u}{N_{ux}^o} + \frac{N_u}{N_{uy}^o} = 1} \qquad (8.17)$$

eine untere Schranke (= 5%-Fraktile) der Traglast N_u, während die biquadratische Interaktion

$$\left(\frac{N_u}{N_{ux}^o}\right)^2 + \left(\frac{N_u}{N_{uy}^o}\right)^2 = 1 \qquad (8.18)$$

nur einen angenäherten Mittelwert (40%-Fraktile statt 50%-Fraktile) der Traglast N_u anzugeben vermag.

8.3 Versuchsnachrechnungen

8.3.1 Verbügelte Quadratstützen unter einachsig ausmittigem Druck

Die Nachrechnung von 8 (Mittelwerte aus 3 Versuchen) verbügelten Quadratstützen von *C. Bach* und *O. Graf* [8.1] aus dem Jahr 1914 und von 48 ebensolchen Stützen von *E. Hognestad* [8.11] aus dem Jahr 1951, deren Parameter in den Grenzen

$b = d = 25{,}4$ bis 40 cm $\qquad A_c = 644$ bis 1600 cm²
$R_c = 10{,}5$ bis $40{,}2$ MN/m² $\qquad 2\,A_s = 16{,}0$ bis $31{,}0$ cm²
$R_s = 301$ bis 377 N/mm² $\qquad c/d = 0{,}25$ bis $1{,}61$
$N_u = 0{,}322$ bis $2{,}25$ MN

lagen, lieferte (Bild 8.8) das Verhältnis des Mittelwerts (= 50%-Fraktile) der Versuchsergebnisse zum Rechenwert gemäß Gl. (8.13) bzw. (8.14) von $K_{50\%} = 1{,}02$ (Kalibrierungsbeiwert nach Abschnitt 2) und das Verhältnis der unteren Schranke (= 5%-Fraktile) der Versuchsergebnisse zum Rechenwert von $K_{5\%} = 0{,}70$.

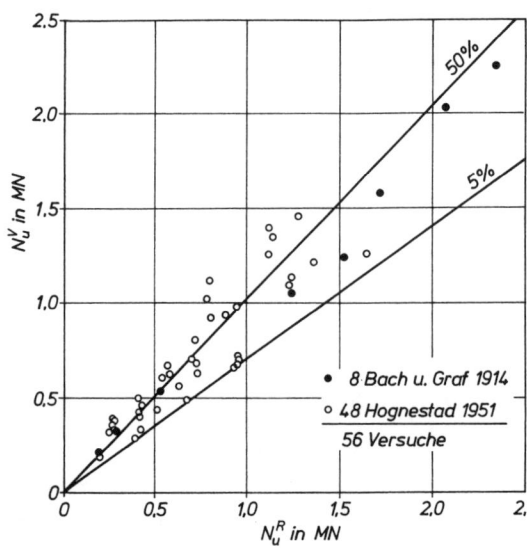

Bild 8.8: Tragfähigkeit verbügelter Quadratquerschnitte unter einachsig ausmittigem Druck nach Messung ([8.1], [8.11]) und Rechnung

Zur Erläuterung des Rechenvorgangs werden die Versuche mit der größten verbügelten Quadratstütze von *C. Bach* und *O. Graf* [8.1] sowohl für die kleinste als auch für die größte Lastausmitte ausführlich nachgerechnet. Aus den Abmessungen und Festigkeiten

$b = d = 40$ cm $\quad h = 36{,}4$ cm $\quad h' = 3{,}6$ cm $\quad b_K = d_K = 35{,}5$ cm
$A_s + A_s' = 30{,}5$ cm² (8 Ø 22) $\quad R_s = 367$ N/mm²
Bügel Ø 5, $a = 7$ cm $\quad A_w = 0{,}197 \cdot \dfrac{4 \cdot 35{,}5}{7{,}0} = 39{,}9$ cm² $\quad R_{sw} = 251$ N/mm²
$R_w = 22{,}5$ MN/m² $\quad R_c = 0{,}8 \cdot 22{,}5 = 18{,}0$ MN/m² (Durchschnittswert)

folgt zunächst die Tragfähigkeit unter *mittigem* Druck nach Gl. (7.4) – ohne Kalibrierungsbeiwert, der übrigens beim Bemessungsvorgang nur einmal zu berücksichtigen ist – zu

$N_{uo}^R = 18{,}0 \, (0{,}1600 - 0{,}00305) + 367 \cdot 0{,}00305 =$
$\quad = 2{,}825 + 1{,}120 = 3{,}945$ MN (≈ 97 %),

während im Versuch $N_{uo}^V = 4{,}047$ MN ($= 100$ %) gemessen wurde.

Für die kleinste Lastausmitte, auf die Stützenachse bezogen von $c = 10$ cm und auf die Zugbewehrung bezogen gemäß Gl. (8.12) von

$e = 10 + \dfrac{36{,}4 - 3{,}6}{2} = 26{,}4$ cm $< h - h' = 32{,}8$ cm,

ergeben sich die Tragfähigkeiten unter *ausmittigem* Druck nach Gl. (8.13) und unter Beachtung der beiden Kalibrierungsbeiwerte nach Abschnitt 2 ($K_{50\%} = 1{,}02$ für die Versuchsnachrechnung und $K_{5\%} = 0{,}70$ für die Bemessung) näherungsweise zu

$N_{u50\%}^R = K_{50\%} \cdot N_{uo} \dfrac{h - h'}{2e} = 1{,}02 \cdot 3{,}945 \cdot \dfrac{32{,}8}{2 \cdot 26{,}4} = 2{,}500$ MN (≈ 111 %)

und zu

$N_{u5\%}^R = K_{5\%} \cdot N_{uo} \dfrac{h - h'}{2e} = 0{,}70 \cdot 3{,}945 \cdot \dfrac{32{,}8}{2 \cdot 26{,}4} = 1{,}716$ MN (≈ 69 %),

während im Versuch $N_u^V = 2{,}250$ MN ($= 100$ %) gemessen wurde.

Für die größte Lastausmitte

$c = 50$ cm und $e = 50 + \dfrac{36{,}4 - 3{,}6}{2} = 66{,}4$ cm $> h - h' = 32{,}8$ cm

ergeben sich die Tragfähigkeiten unter ausmittigem Druck nach Gl. (8.14) näherungsweise zu

$N_{u50\%}^R = K_{50\%} \cdot R_s A_s \dfrac{z}{e - z} = 1{,}02 \cdot (367 \cdot 0{,}001525) \cdot \dfrac{32{,}8}{66{,}4 - 32{,}8} = 0{,}558$ MN (≈ 104 %)

bzw.

$N_{u5\%}^R = K_{5\%} \cdot R_s A_s \dfrac{z}{e - z} = 0{,}70 \cdot 0{,}560 \cdot 0{,}977 = 0{,}383$ MN (≈ 72 %),

während im Versuch $N_u^V = 0{,}535$ MN ($= 100$ %) gemessen wurde.

8.3.2 Umschnürte Rundstütze unter einachsig ausmittigem Druck

Die Nachrechnung von 24 umschnürten Rundstützen unter einachsig ausmittigem Druck von E. *Hognestad* [8.11] aus dem Jahr 1951, deren Parameter in den Grenzen:

$d = 30,5$ cm $A_c = 731$ cm² $R_c = 9,5$ bis $36,6$ MN/m²

$\Sigma A_s = 31,0$ cm² $R_s = 301$ N/mm²

$c/d = 0,25$ bis $1,25$ $N_u = 0,209$ bis $1,53$ MN

lagen, lieferte (Bild 8.9) das Verhältnis des Mittelwerts der Versuchsergebnisse zum Rechenwert gemäß Gl. (8.13) bzw. (8.14) von $K_{50\%} = 1,01$ und Verhältnis der unteren Schranke der Versuchsergebnisse zum Rechenwert von $K_{5\%} = 0,80$.

Zur Erläuterung des Rechenvorgangs wird der Versuch mit der Stütze C 20 a von E. *Hognestad* [8.11] mit der größten Lastausmitte ausführlich nachgerechnet. Aus den Abmessungen und Festigkeiten

$d = 12" = 30,5$ cm $z = \dfrac{30,5}{2} = 15,2$ cm

$\Sigma A_s = 8\ \varnothing\ 7/8" = 4,80$ in² $= 31,0$ cm² $R_s = 43,6$ ksi $= 301$ N/mm²

$A'_c = \dfrac{\pi}{4} \cdot 30,5^2 - 31,0 = 731 - 31 = 700$ cm²

$R_c = 1630$ psi $= 11,2$ MN/m²

folgt zunächst die Tragfähigkeit unter *mittigem* Druck nach Gl. (7.4) – ohne Kalibrierungsbeiwert, der bei der Bemessung nur einmal zu berücksichtigen ist – zu

$N^R_{uo} = 11,2 \cdot 0,0700 + 301 \cdot 0,0031 = 0,784 + 0,933 = 1,717$ MN ($= 104\ \%$),

während im Versuch (Stütze C 16 a) $N^V_{uo} = 1,650$ MN ($= 100\ \%$) gemessen wurde.

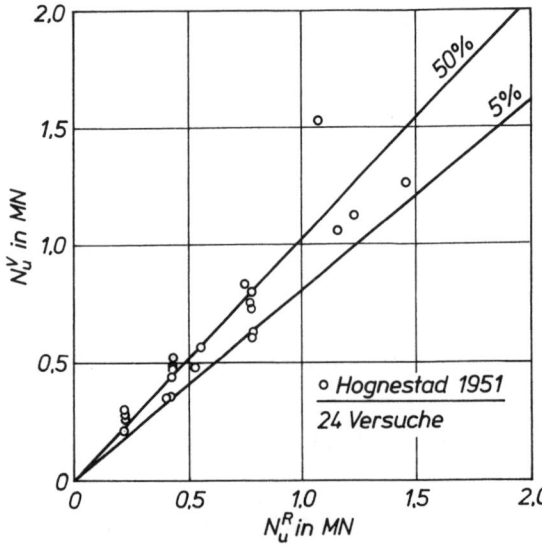

Bild 8.9: Tragfähigkeit umschnürter Kreisquerschnitte unter einachsig ausmittigem Druck nach Messung [8.11] und Rechnung

Für die größte Lastausmitte $c = 15" = 38{,}1$ cm sowie
$z = \frac{30{,}5}{2} = 15{,}2$ cm und $e = 38{,}1 + \frac{15{,}2}{2} = 45{,}7$ cm
ergeben sich die Tragfähigkeiten unter *ausmittigem* Druck nach Gl. (8.14) mit den beiden Kalibrierungsbeiwerten ($K_{50\%} = 1{,}01$ und $K_{5\%} = 0{,}80$) näherungsweise zu

$N_{u50\%}^R = 1{,}01 \cdot (301 \cdot 0{,}00155) \cdot \frac{15{,}2}{45{,}7 - 15{,}2} = 0{,}235$ MN ($= 112\ \%$)

bzw.

$N_{u5\%}^R = 0{,}80 \cdot 0{,}467 \cdot 0{,}498 = 0{,}186$ MN ($= 89\ \%$),

während im Versuch $N_u^V = 0{,}209$ MN ($= 100\ \%$) gemessen wurde.

8.3.3 Verbügelte Quadrat- und Rechteckstützen unter zweiachsig ausmittigem Druck

Die Nachrechnung von 55 verbügelten Quadrat- und Rechteckstützen unter zweiachsig ausmittigem Druck von *L.N. Ramamurthy* [8.12] aus dem Jahr 1966, deren Parameter in den Grenzen:

$b = 15{,}2$ bis $20{,}3$ cm $d = 15{,}2$ bis $30{,}5$ cm
$A_c = 232$ bis 464 cm² $R_w = 19{,}9$ bis $57{,}5$ MN/m² $R_c = 0{,}8\ R_w$
$\Sigma A_s = 5{,}7$ bis $15{,}9$ cm² $R_s = 276$ bis 323 N/mm²
$c_x/b = 0{,}138$ bis $1{,}25$ $c_y/d = 0{,}107$ bis $0{,}67$
$N_u = 0{,}071$ bis $0{,}827$ MN

lagen, lieferte (Bild 8.10) eine sehr gute Übereinstimmung der für die Bemessung maßgebenden unteren Schranke der Versuchsergebnisse mit dem Rechenwert gemäß Gl. (8.17), aber eine weniger gute des Mittelwerts der Versuchsergebnisse mit dem Rechenwert gemäß Gl. (8.18).

Zur Erläuterung des Rechengangs wird die Stütze E 3 von *L.N. Ramamurthy* [8.12] ausführlich nachgerechnet. Mit den Abmessungen und Festigkeiten

$b = 6" = 15{,}2$ cm $d = 12" = 30{,}5$ cm
$h_x = 12{,}9$ cm $h_y = 28{,}2$ cm
$\Sigma A_s = 8\ \emptyset\ 5/8" = 15{,}9$ cm² $R_s = 46{,}8$ ksi $= 323$ N/mm²
$A_c = 464$ cm² $A_c' = 464 - 16 = 448$ cm²
$R_w = 4{,}47$ ksi $= 30{,}8$ MN/m² $R_c = 0{,}8 \cdot 30{,}8 = 24{,}6$ MN/m²
$c_r = 4{,}8 + 0{,}325 = 5{,}125" = 13{,}0$ cm
$\alpha = 45°$ $c_x = c_y = 13{,}0 \cdot 0{,}707 = 9{,}2$ cm

$z_x = 12{,}9 - 2{,}3 = 10{,}6$ cm $e_x = 9{,}2 + \frac{10{,}6}{2} = 14{,}5$ cm

$z_y = 28{,}2 - 2{,}3 = 25{,}9$ cm $e_y = 9{,}2 + \frac{25{,}9}{2} = 22{,}2$ cm

folgt zunächst die Tragfähigkeit unter *mittigem* Druck nach Gl. (7.4) ohne Kalibrierungsbeiwert zu

$N_{uo}^R = 24{,}6 \cdot 0{,}0448 + 323 \cdot 0{,}00159 = 1{,}102 + 0{,}513 = 1{,}615$ MN

Ausmittiger Druck

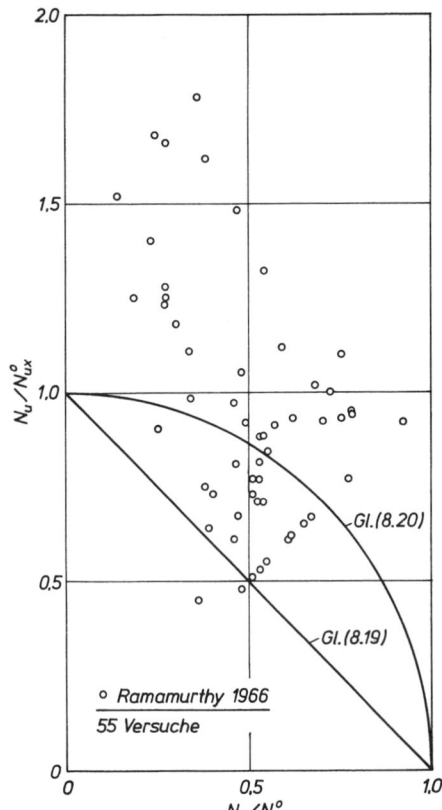

Bild 8.10: *Tragfähigkeit verbügelter Quadrat- und Rechteckquerschnitte unter zweiachsig ausmittigem Druck nach Messung [8.12] und Rechnung*

Gl. (8.14) liefert dann die Tragfähigkeit unter einachsig *ausmittigem* Druck (ohne Kalibrierungsbeiwert) für die kleinere Querschnittsbreite zu

$$N_{ux}^o = 323 \cdot \left(\frac{3}{8} \cdot 0{,}00159\right) \cdot \frac{10{,}6}{14{,}5 - 10{,}6} = 0{,}538 \text{ MN}$$
$$> 0{,}257 \cdot \frac{10{,}6}{9{,}2} + \frac{1{,}102}{9} \cdot \frac{15{,}2}{9{,}2} = 0{,}296 + 0{,}202 = 0{,}498 \text{ MN}$$

und Gl. (8.13) die Tragfähigkeit unter einachsig *ausmittigem* Druck (ohne Kalibrierungsbeiwert) für die größere Querschnittshöhe zu

$$N_{uy}^o = 1{,}615 \cdot \frac{25{,}9}{2 \cdot 22{,}2} = 0{,}942 \text{ MN}$$

Aus der etwas umgeformten Gl. (8.18) folgt dann der Mittelwert (= 50%-Fraktile) der gesuchten Traglast zu

$$\frac{1}{N_u^2} = \frac{1}{N_{ux}^{o\,2}} + \frac{1}{N_{uy}^{o\,2}} = \frac{1}{0{,}498^2} + \frac{1}{0{,}942^2} = 4{,}032 + 1{,}127 = 5{,}159 \text{ MN}^{-2}$$

bzw. $N_{u50\%}^R = \sqrt{\frac{1}{5{,}159}} = 0{,}440$ MN (= 101 %), während im Versuch $N_u^V = 98$ kips $= 0{,}436$ MN ($= 100\%$) gemessen wurde. Aus der ebenfalls umgeformten Gl. (8.17) ergibt sich die für die Bemessung maßgebende untere Schranke ($= 5\%$-Fraktile) der gesuchten Traglast zu

$$\frac{1}{N_u} = \frac{1}{N_{ux}^o} + \frac{1}{N_{uy}^o} = \frac{1}{0{,}498} + \frac{1}{0{,}942} = 2{,}008 + 1{,}062 = 3{,}070 \text{ MN}^{-1}$$

bzw. $N_{u5\%}^R = \dfrac{1}{3{,}070} = 0{,}326$ MN ($= 75\%$).

8.4 Bemessungsbeispiele

8.4.1 Verbügelte Rechteckstütze unter einachsig ausmittigem Druck

Normalkraft $\quad N = N_g + N_p = 1{,}95 + 1{,}05 = 3{,}00$ MN
Biegemoment $\quad M = M_g + M_p = 1{,}05 + 0{,}60 = 1{,}65$ MNm
Lastbeiwerte $\quad \gamma_g = 1{,}35 \quad \gamma_p = 1{,}50$
$\gamma_L N = 1{,}35 \cdot 1{,}95 + 1{,}50 \cdot 1{,}05 = 2{,}63 + 1{,}58 = 4{,}21$ MN
$\gamma_L M = 1{,}35 \cdot 1{,}05 + 1{,}50 \cdot 0{,}60 = 1{,}42 + 0{,}90 = 2{,}32$ MN
Beton B 45 $\quad R_c = 0{,}8 \cdot 45 = 36$ MN/m²
Betonstahl BSt 500/550 $\quad R_s = 500$ N/mm²
Widerstandsbeiwerte $\quad \gamma_s = 1{,}15 \quad \gamma_g = 1{,}50$
rechnerische Festigkeiten

$$R_c' = \frac{36}{1{,}50} = 24 \text{ MN/m}^2 \quad R_s' = \frac{500}{1{,}15} = 435 \text{ N/mm}^2$$

Kalibrierungsbeiwert $K_{5\%} = 0{,}70$ (vgl. Abschnitte 2 und 8.3.1)
geschätzter Betonquerschnitt
$b = 40$ cm $\quad d = 80$ cm $\quad h = 73$ cm $\quad h' = 7$ cm

Lastausmitte $\quad c = \dfrac{\gamma_L M}{\gamma_L N} = \dfrac{2{,}32}{4{,}21} = 0{,}55$ m

Lastausmitte, bezogen auf die Zugbewehrung gemäß Gl. (8.12),

$$e = 0{,}55 + \frac{0{,}73 - 0{,}07}{2} = 0{,}88 \text{ m} > h - h' = 0{,}66 \text{ m} = z$$

Für die Bemessung ist daher die Gl. (8.14) maßgebend

$$A_s = \frac{\gamma_L N}{K_{5\%} R_s'} \cdot \frac{e - z}{z} = \frac{4{,}21}{0{,}70 \cdot 435} \cdot \frac{0{,}88 - 0{,}66}{0{,}66} = 0{,}00461 \text{ m}^2 = 46{,}1 \text{ cm}^2 = A_s'$$

gewählt 8 Ø 28 = 49,4 cm².

Nach DIN 1045 [8.13] wäre mit $\beta_R = 27$ MN/m² und $\sigma_{su} = 420$ N/mm² sowie

zul $N_o = \dfrac{1}{\gamma}(\beta_R A_b + \sigma_{su} A_s) = \dfrac{1}{2{,}1}(27 \cdot 0{,}40 \cdot 0{,}80 + 420 \cdot 0{,}00988) = 6{,}09$ MN

$c/d = 0{,}55/0{,}80 = 0{,}6875$

$$K = \frac{1}{1 + 2{,}6 \; c/d} = \frac{1}{1 + 2{,}6 \cdot 0{,}6875} = 0{,}359$$

zul $N = K \cdot$ zul $N_o = 0{,}359 \cdot 6{,}09 = 2{,}19$ MN $< N_{g+p} = 3{,}00$ MN

die Ausführung dieser Stütze nicht zulässig.

Nach EC 2 [8.14] wäre mit

C 40/50 → $f_{cd} = 40/1{,}50 = 26{,}7$ MN/m²

S 500 → $f_{yd} = 500/1{,}15 = 435$ N/mm²

$$v_{Sd} = \frac{\gamma_L N}{f_{cd}\, bh} = \frac{-4{,}21}{26{,}7 \cdot 0{,}40 \cdot 0{,}80} = -0{,}493$$

$$\mu_{Sd} = \frac{\gamma_L M}{f_{cd}\, bh^2} = \frac{2{,}32}{26{,}7 \cdot 0{,}40 \cdot 0{,}80^2} = 0{,}339$$

Tafel 5 b [8.14]

$$\Sigma A_s = \frac{\omega\, bh}{f_{yd}/f_{cd}} = 0{,}67 \cdot \frac{40 \cdot 80}{16{,}3} = 131{,}5 \text{ cm}^2 \ (= 143\ \%)$$

$> 2 \cdot 46{,}1 = 92{,}2$ cm² (100 %)

eine erheblich größere Bewehrung erforderlich.

8.4.2 Umschnürte Rundstütze unter einachsig ausmittigem Druck

Normalkraft $N = N_g + N_p = 1{,}95 + 1{,}05 = 3{,}00$ MN
Biegemoment $M = M_g + M_p = 0{,}30 + 0{,}15 = 0{,}45$ MNm
Lastbeiwerte, Baustoffgüten und Widerstandsbeiwerte gleich wie im Zahlenbeispiel 8.4.1

$\gamma_L M = 1{,}35 \cdot 0{,}30 + 1{,}5 \cdot 0{,}15 = 0{,}405 + 0{,}225 = 0{,}630$ MNm

Kalibrierungsbeiwert $K_{5\%} = 0{,}80$ (vgl. Abschnitte 2 und 8.3.2)

geschätzter Stützendurchmesser $d = 65$ cm

Hebelarm der inneren Kräfte $z = h - h' = \dfrac{0{,}65}{2} = 0{,}325$ m

Lastausmitte, bezogen auf die Zugbewehrung:

$$e = \frac{0{,}63}{4{,}21} + \frac{0{,}325}{2} = 0{,}15 + 0{,}163 = 0{,}313 \text{ m} < h - h' = 0{,}325 \text{ m}$$

Für die Bemessung ist daher die Gl. (8.15) maßgebend.

Gewählte Längsbewehrung $\mu = 2{,}0$ %

$\Sigma A_s = 0{,}02 \cdot 0{,}3318 = 66{,}4$ cm² (12 Ø 28 = 74,0 cm²)

Traglast unter *mittigem* Druck gemäß Gl. (7.4)

$$\frac{N_{uo}^R}{\gamma_R} = 24\,(0{,}3318 - 0{,}0074) + 435 \cdot 0{,}0074 = 7{,}79 + 3{,}22 = 11{,}01 \text{ MN}$$

Traglast unter *ausmittigem* Druck gemäß Gl. (8.13)

$$\frac{N_{u5\%}^R}{\gamma_R} = 0{,}80 \cdot 11{,}01 \cdot \frac{0{,}325}{2 \cdot 0{,}313} = 4{,}58 \text{ MN} > \gamma_L \cdot N = 4{,}21 \text{ MN}$$

Nach DIN 1045 [8.13] wäre mit

$$\frac{8\,M}{Nd_k} = \frac{8 \cdot 0{,}45}{3{,}00 \cdot 0{,}60} = 2{,}0 > 1 \rightarrow \Delta N = 0$$

zul $N_o = \frac{1}{\gamma}(A_b\beta_R + A_s\sigma_{su}) = \frac{1}{2{,}1}(27 \cdot \frac{\pi}{4} \cdot 0{,}65^2 + 420 \cdot 0{,}0074) = 5{,}75$ MN

$c = \frac{M}{N} = \frac{0{,}45}{3{,}00} = 0{,}15$ m $\qquad c/d = 0{,}15/0{,}65 = 0{,}231$

$K = \dfrac{1}{1 + 3{,}2\ c/d} = \dfrac{1}{1 + 3{,}2 \cdot 0{,}231} = 0{,}575$

zul $N = K \cdot$ zul $N_o = 0{,}575 \cdot 5{,}75 = 3{,}31$ MN $> N_{g+p} = 3{,}00$ MN
die Ausführung dieser Stütze ebenfalls zulässig.

Nach EC 2 [8.14] wäre mit

$$\nu_{Sd} = \frac{N_{Sd}}{f_{cd} \cdot A_c} = \frac{-4{,}21}{26{,}7 \cdot \frac{\pi}{4} \cdot 0{,}65^2} = -0{,}475$$

$$\mu_{Sd} = \frac{M_{Sd}}{f_{cd} \cdot A_c h} = \frac{0{,}630}{26{,}7 \cdot \frac{\pi}{4} \cdot 0{,}65^3} = 0{,}109$$

Tafel 7 k 2 [8.14]

$$\Sigma A_s = \frac{\omega\,A_c}{f_{yd}/f_{cd}} = 0{,}15 \cdot \frac{0{,}3318}{16{,}3} = 0{,}00305\ \text{m}^2 = 30{,}5\ \text{cm}^2\ (= 46\ \%)$$

$< 66{,}4$ cm² $(= 100\ \%)$

eine nicht einmal halb so große Bewehrung erforderlich.

8.4.3 Verbügelte Rechteckstütze unter zweiachsig ausmittigem Druck

Normalkraft $\qquad N = N_g + N_p = 1{,}95 + 1{,}05 = 3{,}00$ MN
Biegemomente $\quad M_y = M_{yg} + M_{yp} = 0{,}50 + 0{,}25 = 0{,}75$ MNm
$\qquad\qquad\qquad\ \ M_z = M_{zg} + M_{zp} = 0{,}25 + 0{,}125 = 0{,}375$ MNm

Lastbeiwerte, Baustoffgüten und Widerstandsbeiwerte gleich wie im Zahlenbeispiel 8.4.1
Geschätzter Betonquerschnitt

$b = 45$ cm $\qquad d = 90$ cm $\qquad h = 84$ cm $\qquad h' = 6$ cm

Lastausmitten $\quad c_y = \dfrac{1{,}05}{4{,}21} = 0{,}250$ m $\qquad c_z = \dfrac{0{,}525}{4{,}21} = 0{,}125$ m

Hebelarme der inneren Kräfte

$z_y = h - h' = 0{,}84 - 0{,}06 = 0{,}78$ m
$z_z = b - 2\,h' = 0{,}45 - 0{,}12 = 0{,}33$ m

Lastausmitten, bezogen auf die Zugbewehrung:

$e_y = 0{,}250 + \dfrac{0{,}78}{2} = 0{,}640$ m $\ <\ z_y = 0{,}78$ m

$e_z = 0{,}125 + \dfrac{0{,}33}{2} = 0{,}290$ m $\ <\ z_z = 0{,}33$ m

Ausmittiger Druck

Für die Bemessung ist daher die Gl. (8.13) maßgebend.
Gewählte Längsbewehrung 20 Ø 28 = 123,2 cm²
Traglast unter *mittigem* Druck nach Gl. (7.4)

$$\frac{N_{uo}^R}{\gamma_R} = \frac{R_c}{\gamma_c}(bd - A_s) + \frac{R_s A_s}{\gamma_s} = 24(0{,}4050 - 0{,}01232) + 435 \cdot 0{,}01232 = 9{,}42 + 5{,}36 = 14{,}78 \text{ MN}$$

γ_R = Widerstandsbeiwert (für Beton γ_c = 1,50 und für Bewehrung γ_s = 1,15)

Traglasten unter *einachsig ausmittigem* Druck nach Gl. (8.13)

$$\frac{N_{ux}^o}{\gamma_R} = \frac{N_{uo}^R}{\gamma_R} \cdot \frac{h-h'}{2e} = 14{,}78 \cdot \frac{0{,}84 - 0{,}06}{2 \cdot 0{,}640} = 9{,}01 \text{ MN bzw.}$$

$$\frac{N_{uy}^o}{\gamma_R} = 14{,}78 \cdot \frac{0{,}45 - 2 \cdot 0{,}06}{2 \cdot 0{,}290} = 8{,}41 \text{ MN}$$

Die für die Bemessung maßgebende untere Schranke der Traglast unter zweiachsig *ausmittigem* Druck folgt dann aus Gl. (8.17) zu

$$\frac{\gamma_R}{N_{u5\%}^R} = \frac{\gamma_R}{N_{ux}^o} + \frac{\gamma_R}{N_{uy}^o} = \frac{1}{9{,}01} + \frac{1}{8{,}41} = 0{,}1110 + 0{,}1189 = 0{,}2299 \text{ MN}^{-1}$$

$$\frac{N_{u5\%}^R}{\gamma_R} = \frac{1}{0{,}2299} = 4{,}35 \text{ MN} > \gamma_L N = 4{,}21 \text{ MN}$$

Nach DIN 1045 [8.13] wäre mit

$$m_y = \frac{M_y}{\beta_R bd^2} = \frac{0{,}75}{27 \cdot 0{,}45 \cdot 0{,}90^2} = 0{,}0762$$

$$m_z = \frac{M_z}{\beta_R b^2 d} = \frac{0{,}375}{27 \cdot 0{,}45^2 \cdot 0{,}90} = 0{,}0762$$

$$n = \frac{N}{\beta_R bd} = \frac{-3{,}00}{27 \cdot 0{,}45 \cdot 0{,}90} = -0{,}274$$

Tafel 1.24a [8.15]

$$\Sigma A_s = \frac{\omega_o b_d}{\beta_s/\beta_R} = 0{,}50 \cdot \frac{45 \cdot 90}{18{,}5} = 109{,}5 \text{ cm}^2 \text{ (= 89 \%)} < 123{,}2 \text{ cm}^2 \text{ (= 100 \%)}$$

eine etwas kleinere Bewehrung ausreichend.

Nach EC 2 [8.14] wäre mit

$$\mu_{Sdy} = \frac{M_{Sdy}}{f_{cd} bh^2} = \frac{1{,}05}{26{,}7 \cdot 0{,}45 \cdot 0{,}90^2} = 0{,}108$$

$$\mu_{Sdz} = \frac{M_{Sdz}}{f_{cd} b^2 h} = \frac{0{,}525}{26{,}7 \cdot 0{,}45^2 \cdot 0{,}90} = 0{,}108$$

$$\nu_{Sd} = \frac{N_{Sd}}{f_{cd} bh} = \frac{-4{,}21}{26{,}7 \cdot 0{,}45 \cdot 0{,}90} = -0{,}389$$

Tafel 6b [8.14]

$$\Sigma A_s = \frac{\omega bh}{f_{yd}/f_{cd}} = 0{,}30 \cdot \frac{45 \cdot 90}{16{,}3} = 74{,}5 \text{ cm}^2 \text{ (= 61 \%)} < 123{,}2 \text{ cm}^2 \text{ (= 100 \%)}$$

eine *erheblich* kleinere Bewehrung ausreichend.

8.5 Folgerungen

Die Ergebnisse der Versuchsnachrechnungen zeigen, dass die Bemessung verbügelter oder umschnürter, gedrungener Stahlbetonstützen unter ein- oder zweiachsig ausmittigem Druck mit den wirklichkeitsnahen Formeln des Abschnitts 8.2 ausreichend genau erfolgen kann. Dieses Bemessungsverfahren kommt ohne Beachtung der Querschnittsdehnungen aus und benötigt weder Zahlentafeln noch Diagramme. Drei Bemessungsbeispiele erläutern die einfache Handhabung in allen Einzelheiten. Der Unterschied der erforderlichen Bewehrung gegenüber DIN 1045 und EC 2 folgt aus dem Umstand, dass diese beiden Normen auf den Mittelwerten (= 50%-Fraktilen) der Versuchsergebnisse beruhen, während die Bemessung nach Abschnitt 8.2 von der unteren Schranke (= 5%-Fraktile) der Versuchsergebnisse ausgeht.

Literatur

[8.1] Bach, C. und Graf, O.: Versuche mit bewehrten und unbewehrten Betonkörpern. VDI-Forschungsarb. a.d. Gebiete d. Ingenieurwesens, H. 166-169. Springer, Berlin 1914
[8.2] Friedrich, E.: Die Berechnung von Eisenbetonquerschnitten auf Biegung mit Achsialkraft. Beton & Eisen 32 (1933) S. 183-185
[8.3] Mörsch, E.: Die Bemessung im Eisenbetonbau, 5. Aufl. Wittwer, Stuttgart 1950
[8.4] Pucher, A.: Lehrbuch des Stahlbetonbaues. Springer, Wien 1949 (2. Aufl. 1953)
[8.5] Saliger, R.: Der Stahlbetonbau, 7. Aufl. Deuticke, Wien 1949
[8.6] Löser, B.: Bemessungsverfahren, 11. Aufl. Ernst & Sohn, Berlin 1949
[8.7] Luetkens, O.: Bemessung der Stahlbetonbauteile. Betonkalender 1969, Bd. I, S. 485-557. Ernst & Sohn, Berlin 1969
[8.8] Brandtzaeg, A.: Der Bruchspannungszustand und der Sicherheitsgrad von rechteckigen Eisenbetonquerschnitten unter Biegung oder ausmittigem Druck. Norges Tekniske Højskole, Avhandlinger til 25-årsjubileet 1935, S. 667-764
[8.9] Bemessung von Beton- und Stahlbetonbauteilen nach DIN 1045, Ausgabe 1972. Grasser, E.: Biegung mit Längskraft, Schub und Torsion. Deutscher Ausschuss für Stahlbeton, H. 220. Ernst & Sohn, Berlin 1972
[8.10] Herzog, M.: Die Eisenbetondimensionierung mit dem Bruchlastverfahren des Comité Européen du Béton. Schweiz. Bauzeitung 80 (1962) S. 115-118
[8.11] Hognestad, E.: A study on combined bending and axial load in reinforced concrete members. Bulletin 399, Engg. Exp. Station, University of Illinois, Urbana 1951
[8.12] Ramamurthy, L.N.: Investigation of the ultimate strength of square and rectangular columns under biaxially eccentric loads. ACI-Publication SP-13, S. 263-298. American Concrete Institute, Detroit 1966
[8.13] Grasser, E.: Bemessung der Stahlbetonbauteile. Betonkalender Teil I, S. 329-410. Ernst & Sohn, Berlin 1986
[8.14] Deutscher Ausschuss für Stahlbeton, H. 425: Bemessungshilfen zum EC 2. Beuth, Berlin 1992
[8.15] Deutscher Ausschuss für Stahlbeton, H. 220: Bemessung von Beton- und Stahlbetonbauteilen nach DIN 1045, Ausgabe Dezember 1978, 2. überarb. Aufl. Ernst & Sohn, Berlin 1979

Stichwortverzeichnis

Ausmittiger Druck 86, 91, 97
– Bemessung 88

Bemessung, Biegung 7, 15, 27
Bemessung, Druck 76, 88, 97
Bemessung, Torsion 38, 44, 67
Beton, Dauerstandfestigkeit 75
Biegung 4
Biegung mit Normalkraft 21
Bogentragwirkung, Durchlaufträger 26

Druck 70, 86
Druckbewehrung 12, 19
Duktilität 70, 74
Durchstanzen 50, 64
– Bemessung 54
Durchstanzkegel 50, 52
Durchstanzlast 53
Durchstanzmodell 51
Durchstanznachweis 67

Einachsige Ausmittigkeit 86, 97
Erdbebengebiete 70, 74

Fachwerkanalogie 28
Fachwerkträger 23, 28
Flachdecke 63
Formänderung 79
Fraktile 2
Fundamente 52

Gebrauchstauglichkeitsnachweis 2

Kalibrierungsbeiwerte 2

Langfristige Lasteinwirkung 79
Lastbeiwert 2

Mittiger Druck 70

Schub 23
Schubdeckung 24
Schubkreuz 65
Sicherheitsbetrachtung 2
Spannbeton
– mit Verbund 12, 16, 31
– ohne Verbund 12, 19, 33
Stahlbetonplatte
– mit Schubbewehrung 61
– ohne Schubbewehrung 60
Stahlbetonstützen 70
Stützen 70, 77, 81

Teilweise Vorspannung 14
Torsion 37, 44
Torsion mit Biegung und Querkraft . 40
Torsion mit Normalkraft 39
Tragfähigkeitsnachweis 2

Umschnürte Stützen 77, 82, 94, 98

Verbügelte Stützen 81, 76, 92
Verminderte Schubdeckung 24
Versatzmaß 25
Volle Schubdeckung 24

Widerstandsbeiwert 2

Zweiachsige Ausmittigkeit . . 91, 95, 99

Schneider, Klaus-Jürgen (Hrsg.)

Baustellen-Tafeln
Tabellen. Kurzinfos. Beispiele.
Mit neuer Bauregelliste 2000/2001

2000. 782 Seiten.
13 x 18,5 cm. Gebunden.

DM 85,– | ÖS 620,– | SF 85,–
ISBN 3-934369-04-9

Herausgeber:
Prof. Klaus-Jürgen Schneider
ist auch Herausgeber
der bekannten SCHNEIDERs
(Bautabellen für Ingenieure
und für Architekten).

Ein neuer SCHNEIDER: Das Praxishandbuch für unterwegs

Die „Baustellen-Tafeln" sind ein „Praxishandbuch für unterwegs". Sie enthalten kompakte Informationen aus wichtigen Bereichen des Bauwesens, wie z.B. Baurecht, Baubetrieb, Bauphysik, Baustatik, konstruktiver Ingenieurbau, Bauvermessung, aktuelle Normenübersicht. Die Handlichkeit durch das kleine Buchformat und der kompakte Inhalt machen diese Neuerscheinung zu einem wirklichen Taschenbuch als ständigen Fachbegleiter.

Ein kompetentes Autorenteam praxiserfahrener Professoren ist der Garant für ein praxisgerechtes Nachschlagewerk auf dem neuesten Stand der bautechnischen Entwicklung.

Bauwerk www.bauwerk-verlag.de

Bock, Hans Michael
Klement, Ernst

Brandschutz-Praxis für Architekten und Ingenieure
Aktuelle Planungsbeispiele mit Brandschutzkonzepten nach Bauvorhaben. Mit Plänen, Details und Brandschutzvorschriften nach LBOs für alle Bundesländer

I. Quartal 2001. Etwa 250 Seiten.
22,5 x 29,7 cm. Gebunden.
Mit vielen Zeichnungen und farbigen Plänen.

Etwa DM 130,– I ÖS 950,– I SF 130,–
ISBN 3-934369-05-7

Der erste Brandschutz-Planer mit kompletten Projektbeispielen

Autoren:
Dr.-Ing. Hans Michael Bock ist Professor an der FHTW Berlin und ehemaliger Leiter des Laboratoriums Brandingenieurwesen der Bundesanstalt für Materialforschung und -prüfung.

Dipl.-Ing. Ernst Klement war Mitarbeiter der Bundesanstalt für Materialforschung und -prüfung und Lehrbeauftragter an der Technischen Fachhochschule Berlin.

Der bauliche Brandschutz wird anhand einer Sammlung von Projektbeispielen dargestellt und erläutert. Dem Planer werden nachvollziehbare Brandschutzkonzepte für Bauvorhaben wie Wohn- und Geschäftshäuser, Dachausbauten, Tiefgaragen, Schulen, Hotels, Gaststätten, Industriebauten, Verwaltungsbauten usw. sowie für Sanierung/Umnutzung vorgestellt und die Lösungen erläutert. Auf regionale Besonderheiten nach der jeweiligen Landesbauordnung wird gesondert hingewiesen. Berücksichtigt ist auch der Einsatz europäischer Bauprodukte.

Bauwerk www.bauwerk-verlag.de